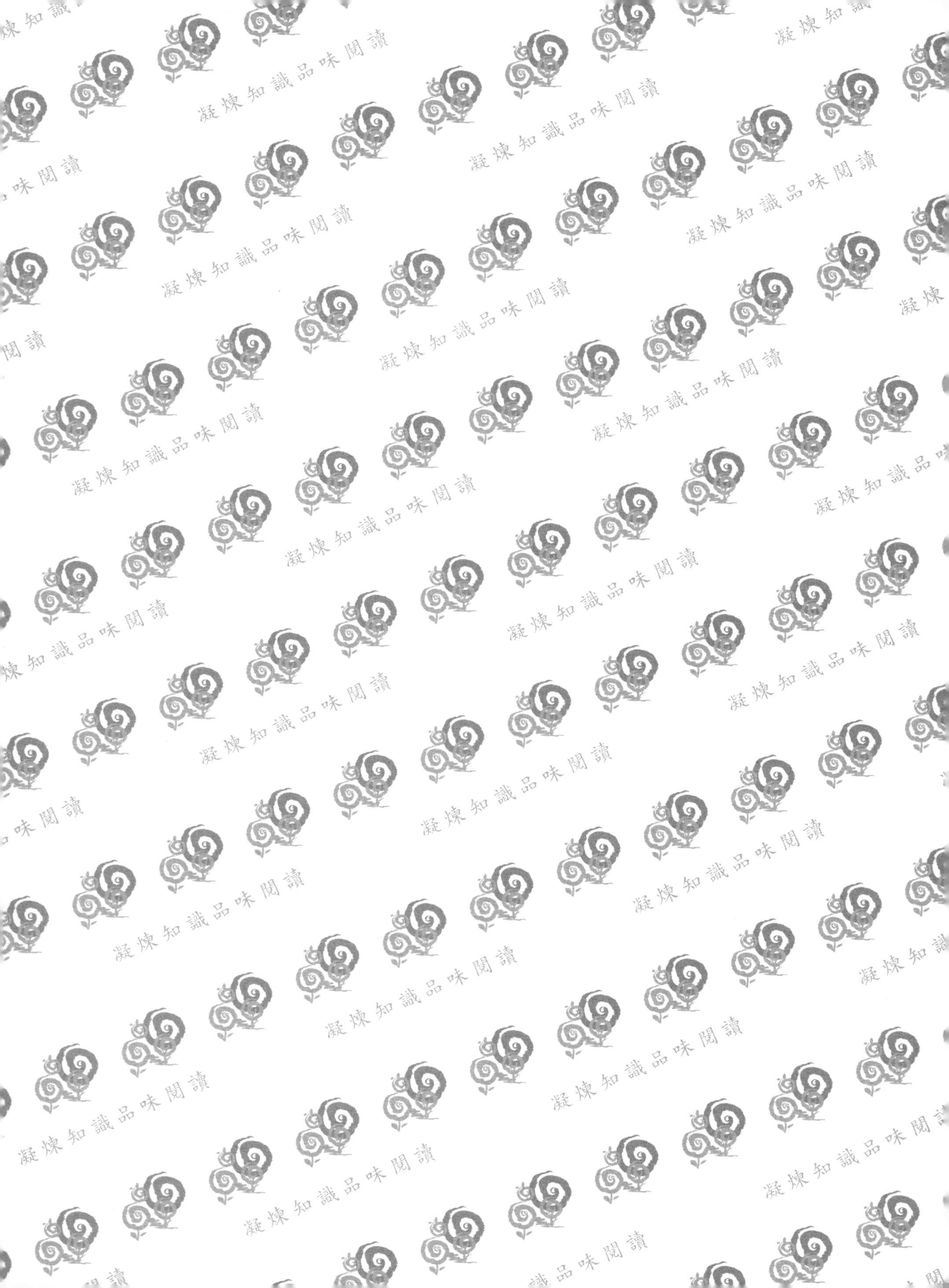

凝煉知識品味閱讀

營養系花卉品種
開發之理論與實務

朱建鏞——著

五南圖書出版公司 印行

作者序

在民國五十年代末期，臺灣的菊花切花外銷日本開啓了花卉產業。民國六十年代末期，歐洲花卉種苗和球根大量銷售到臺灣，從此臺灣的花卉產業與世界產業鏈接軌。然而長久以來，臺灣栽培的花卉品種都來自國外。雖然政府在民國七十年代已了解到「控制種苗產業就能控制花卉產業」的重要性；然而在當時，政府認爲只要掌握種苗繁殖技術，就能控制種苗，研究單位少有從事花卉育種工作者。西元 1961 年，隨著農業智慧財產權意識的興起，國際間成立了「育種者權利保護聯盟」的組織。政府在國際的壓力下，在民國八十六年才開始依已立法多年的「植物種苗法施行細則」執行「品種專利權保護」。此時國人才意會到控制種苗不能只是控制種苗繁殖，而是要有自己的品種，才能完全控制品種苗的來源。

植物品種權已成爲知識經濟的一種產權。因此在花卉國際貿易中，除了既有的產品，如切花、盆花、種球（苗）外，品種權也已經成爲國際貿易的一種商品。盆花作物的產品能通過保護市場政策下的檢疫條件，是件不容易的事情。但如果能將花卉品種，授權國外的生產者在當地生產，育種者也可以從生產者獲取該有的報酬。筆者在 2003 年底訪問荷蘭和丹麥的種苗公司時，曾問及「從投入育種到品種行銷國際需多少時間」，獲得相當一致的答案是 15 年，這算是很長的時間。然而現在不做，15 年後仍一無所有。筆者有幸在 1996 年即投入聖誕紅育種工作，當時也樂觀的評估在退休之前，一定能將品種權銷售到國外。果然在 2009 年筆者與日本合作的朱槿在日本開賣。

本書就是筆者將這二十餘年來從事營養系花卉的育種經驗、研究生的研究成果，及相關的演講整理出書，期能對想從事花卉育種的工作者有所助益。本書內容總共有十章。第一章如何成爲花卉育種家，是針對臺灣想從事育種工作者而寫的。內容強調：培養對自然界敏銳的觀察力，培養對國際花卉美學與時尚的素養，以及經營花卉品種權的概念，才能成爲成功的育種者。第二章育種工作實務，介紹育種的流程，及常用到的育種技術，例如花粉活力檢測等。第三章到第八章，介紹筆者從 1996 年到目前 2019 爲止與學生和工作夥伴所進行的育種工作，總共有六個作物，分別爲聖誕紅、長壽花、朱槿、無刺麒麟花、雜種石竹、九重葛等。每一種作物從育種的需求，育成品種的價值定位，以及育種過程遭遇的困境及其解決方法，都有詳盡的描述。第九章植物組織培養在育種上的應用，敘述在育種工作上會利用到的植物組織培養技術。第十章花卉品種權的管理與行銷，敘述作物新品種檢定方法的建立，作物新品種的申請與審查，以及品種權的管理與行銷。

本書之完成，先要感謝恩師黃敏展教授，介紹日本華金剛株式會社的落合成光社長共同合作育種工作。黃教授也一直是我們的顧問與日語翻譯。落合社長提供朱槿育種的材料與資金，也隨時提醒並修正我們的育種目標，並且將育成的品種在日本行銷。其次要感謝研究室的同學們（詳見各章的參考文獻），沒有同學們不畏失敗，努力不懈的雜交與紀錄，做不到那麼多成功的案例，當然也無法累積經驗到可以寫這本書。另外要感謝幫我校對的媳婦周盈甄小姐，讓本書得以早日完稿。還要感謝農業委員會與國科會，從 1996 年以來提供育種研究的經費，使育種工作能持續進行。最後要感謝一直默默支持我的工作，以及鼓勵我寫這本書的許淑郁女士，謹將此書獻給她。

CONTENTS · 目錄

CHAPTER 1

如何成為花卉育種家

第一節　花卉育種者應具備的能力

第二節　園藝家技藝與經驗之養成

第三節　花卉美學與時尚素養的提升

第四節　花卉育種產業之經營

花卉產業可分爲有實體植物的產業與無實體植物的產業。前者如：種子、種苗、球根、切花（葉）、盆花以及庭園木生產。花卉作物都是從種子、種苗或是球根開始培養，植株長大開花後，人類利用花卉作物的葉片、開花枝或全株用來布置環境，美化人類生活的空間。因此沒有花卉種苗產業就沒有切花（葉）、盆花、庭園木的產品。換言之，控制種苗產業就能控制切花（葉）產業、盆花產業以及需要庭園木的景觀產業。一般大型種苗公司的業務包括開發新品種與生產種苗，然而花卉是國際性的產業，花卉種苗的需求並不限於育種公司所在地的國家，因此授權新品種在異地生產，或由他人生產販售。這種無實體的種苗智慧財產—「品種權」，就成了花卉產業的新產品。

臺灣從 1960 年代開始發展花卉產業，所栽培的品種都是從國外引種，經過栽培試作，篩選出適合臺灣氣候環境的品種，再推廣栽培。在當時，臺灣除了蘭花有少數趣味栽培的育種者外，幾乎無人從事花卉育種。西元 1990 年代以後，世界的種苗公司對農業智財權的意識高漲，各國的種苗公司要求栽培新品種需要支付品種權利金。臺灣花卉產業界才驚覺到：如果沒有新品種，將會沒有種苗可以栽培。因此政府於 1997 年開始，每年投入大量的研發經費，鼓勵學術研究機構開發新品種。然而花卉育種的知識，很少公開發表，因此很難從閱讀收集相關資訊。加上花卉產業具有國際性、藝術性，以及時尚性等特徵，國人卻又偏廢國民美學教育，缺少國際觀，以及栽培者普遍對品種權的不尊重，導致二十餘年來，除了在蘭科植物的育種外，其他花卉的育種成效仍極有限。因此臺灣花卉育種產業要發展或與國際接軌，還是需從教育著手，提升國民的美學素養、國際觀，以及尊重智慧財產權。

第一節 花卉育種者應具備的能力

花卉是一種視覺消費的產品，也是一種國際時尚流行化的產品。因此花卉育種產業可以定義爲：利用園藝科技創造出具有美感與時尚感產品的創意產業。花卉育種者的工作包括有：設定育種目標、訂定育種計畫、執行育種計畫，最後育成新品種，並且經營品種權或販售新品種的種苗。

育種者在訂定育種計畫之前，要具備植物遺傳育種的知識，以及要操作作物的遺傳背景與育種歷史等資訊。例如作物的染色體數或倍數體；所收集的材料是物種、品種、還是變異品種，以及這些材料的原產地或是育種的種苗公司；大多數市場上的品種是用何種育種方法育的；所標定的品種特性的遺傳，是由幾對的顯隱性的遺傳因子所控制等。育種者有了正確的育種計畫，才不至於重蹈前人失敗的覆轍，避免錯誤，並提高育種效率。

育種者需具有等同園藝家的知識與操作能力，才能執行育種計畫。因爲整個育種計畫的執行過程，從育種材料及出生地都是需要蒐集資訊。接著栽培育種材料，並且讓育種親本在同一時間開花才能進行授粉。親本還需進行檢測父母本授粉後是否有能力結果，並且如何防止落果。萬一有早期落果現象，未成熟的胚芽是否可以以組織培養的方法培養成健康的植株。授粉後所收獲的果實，還需要精製種籽，以提高種子發芽率。種子經播種繁殖，培育成開花株，並選出植株特性近乎育種目標的植株。然後將選出的植株，以無性繁殖法繁殖成營養系，再進行營養系選拔。所有執行育種計畫的過程，就如同一位全能的園藝家，要將所有育種會發生的問題全部解決。

花卉產品主要用途，是在美化人類的生活環境。花卉新品種的開發經常需要耗費五年以上的時間。換言之，育種者在選拔優良子代植株或營養系時，是在選拔3-5 年以後未來市場需求的花卉。又花卉也是一種國際化時尚藝術的商品，因此育種者在擬定育種目標之前，對於國際藝術時尚產業的脈動，以及國際花卉市場趨勢要有相當的了解，否則花費多年財力、物力以及人力才開發出的新品種，當產品投入市場，才發現產品不符當時國際花卉市場的需求，新品種毫無競爭力，則爲時已晚。

又花卉育種也是一種事業，經營事業要懂得控制事業營運的收支平衡。人力成本是育種最大的支出，因此提升選拔效率是降低成本最好的方法。另外育種者除了販賣新品種的植株外，也販賣品種權，因此育種產業的經營者也需要了解世界品種權經營的模式與趨勢，才能判斷自己的品種是否值得在各國申請品種權保護，以及在談判授權合約時，能夠獲得最合理的利益。所以從事花卉育種工作，育種者必須兼具有園藝家、時尚藝術家，以及事業經營者的能力。

第二節 園藝家技藝與經驗之養成

人類與植物雖然不同，但是生物生、老、病、死的生命現象是相同的。也由於人類與植物都生活於大自然環境下，人類與植物在大自然環境下的生態反應，大部分是雷同的。所以植物雖然沒有肢體動作，和語言表達，但是觀察植物的生態反應，或表現在細胞、器官或植物體的各種表徵變化，加上人類各種知覺的類比，還是可以了解植物的表達。所以一般的園藝工作者，即使很會種花種樹的人，還不足以稱爲園藝家。孔夫子曾說「吾不如老圃」，這句話的「老圃」，才是園藝家。園藝家不只具備許多園藝專業的知識與經驗，還需要有豐富的人生閱歷，是充分了解自然生態與運行的智者。因爲植物有許多現象也許教科書有記載，但是也有許多生態或生理現象還未有人發現或記載。豐富的人生經驗有助於觀察植物、了解植物，以及解決育種過程所遭遇的問題。相對的，人生難解的課題，也可以從植物的生態獲得靈感。

以朱槿很難結果實爲例。收集文獻的結果顯示「原因不明」。但是從文獻上知道：朱槿原生南太平洋島嶼，此地區氣溫 20-28℃，經常有午後陣雨。另外，從授粉後朱槿生殖器官形態的變化中發現：授粉後花瓣先脫落，花柱再慢慢往子房方向萎縮，花萼會與子房一同長大（圖 1-1），並且在授粉 1-2 星期後落果。但是如果我們模仿朱槿原生地的氣候，即每天下午經常下大雨的天氣特徵，會發現在人工大雨之後，宿存的花萼會積水（圖 1-2）。這些授粉過的子房，加上人工雨的處理，不會在授粉後 2 星期內提早落果。利用切片技術比較：早期落果與模仿下雨環境下所得到的蒴果的細胞層次之顯微構造，才發現早期落果的子房頂部有一沒有閉合的小孔（圖 1-3）。原來就是這個小孔，造成子房內的中軸胎座與受精卵失水、萎縮而落果。此現象就如同

圖 1-1 朱槿授粉後，花瓣脫落花柱往子房方向萎縮，直到子房頂部。

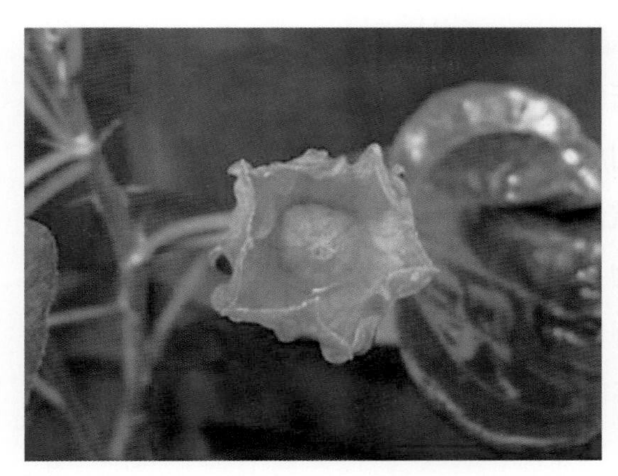

圖 1-2　朱槿授粉後，花萼繼續發育，成為下雨或澆水後的貯水槽。

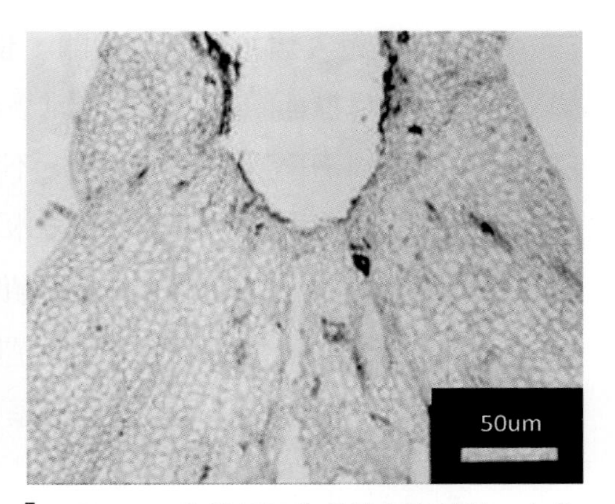

圖 1-3　朱槿授粉後花柱逐漸萎縮，在花柱底部的內心，即子房的頂端沒有閉合，導致子房失水。

人類，如果羊膜有缺陷破水，胎兒是保不住的。至於如何解決子房缺陷的問題，筆者最後是以羊毛脂塗抹在患部，將子房頂部的小孔塡補起來，解決了朱槿落果的問題。這種處理就如同人類懷孕初期，常會給孕婦飲用安胎飲品。

以前述的案例而言，如果不是對朱槿生態、與植物形態，從表面形態到內部形態，都能觀察入微，是無法發現朱槿授粉後子房頂端有這麼細微的缺陷。而發現這個缺陷，筆者也花了三年的時間。至於解決這個缺陷的方法，如果不是黃敏展教授曾經教筆者用羊毛脂製作催芽用的膏劑，塗抹於玫瑰花的腋芽，以提高冬季玫瑰花的產量，筆者也想不出這種簡單而有效的方法。

另一個案例是發生於聖誕紅育種選拔的過程。聖誕紅經由體胚芽再生植株，可以獲得大量植株。在誘導體胚芽再生的培養基中加入疊氮化鈉（NaN_3）藥劑，後續再生的植株，可以發現形態變異的植株。然而在栽植床上，一片約有 2000 株紅色的聖誕紅‘彼得之星’的體胚苗養成的植株中，要挑出異形株是件困難的事，育種者若沒有辨別聖誕紅花色、或形態的敏銳度，是沒有能力挑出異形植株的。然而筆者很幸運的就在一次澆水後，發現有一株聖誕紅紅色的苞葉，沒有因爲澆水隨水的重量而下垂。此植株挑出檢查後，原來這株聖誕紅已經變成四倍體植株，其苞葉的厚度比一般二倍體聖誕紅的苞葉厚，這株聖誕紅變異株後來命名爲‘閃亮之星’（圖 3-12）。

園藝科學與人類生活息息相關，也是一門重視實務操作的學門。現代臺灣的學子以升學爲目標而讀書，缺乏日常生活做事的經驗。因此對自然界和自己的生活環境陌生，對周遭事物的觀察力差，不利於從事園藝工作。要從事花卉育種者，需要培養敏銳的觀察力。例如從每天澆水這件簡單的工作開始，如果在澆水的時候，同時練習眼睛能夠仔細看著被澆水的植物，慢慢的對於被照顧的植物越來越熟悉，一旦能看得出植物發生的細微變化，這時作爲園藝家必須具備的能力，已經慢慢養成，也才算是準備好從事花卉育種的基本能力。

第三節 花卉美學與時尚素養的提升

花卉不是吃的產品，而是人類經由眼睛消費的精神糧食。因此花卉的品質取決於花卉的外觀是否合乎美學的原理。影響花卉之美的要素包括：質感、色彩、造形，以及焦點與景深。茲將各項要素分述如下：

一、質感

人類透過視覺與觸覺的交互作用，對於物體的感覺稱爲物體的質感。由於質感是一種比較性的性質；例如：厚相對於薄、軟相對於硬、粗糙相對於細緻、明亮相對於混濁、平直相對於波浪狀等。因此花卉育種者鑑別花卉品質前，對植物器官的質感要有相當的認知。通常優質花卉的選拔標準爲：植株形態上的質感細緻、緊實，葉片質地硬而且有光澤，花瓣厚、花色明亮。

圖 1-3　朱槿‘維納斯’花瓣挺拔、質地厚，花瓣表面有銀色反光，花色明亮，很容易吸引消費者目光。柱頭紅色、花心深粉紅以及粉紅色花瓣，三者的顏色皆屬紅色的色相，相互有同色相的調和。

二、色彩

色彩的三元素爲：色相、彩度、明度。色相是顏色的名稱，色彩的三原色爲紅、黃、藍色。由任何兩種原色等量混合得到的色彩稱爲二次色。將原色與二次色等量混合得到的顏色稱爲三次色。將原色、二次色、三次色依序排成圓圈稱爲色相環。在色相環上位置相鄰的顏色稱爲相鄰色，相對位置的兩色稱爲互補色。黑色與白色稱爲無彩色 。自然界所有物質的顏色，都可以從無彩色與三原色相混合表現出來。彩度是色粒子的濃度，例如：將紅色顏料加水稀釋，所呈現的色相依然是紅色，但是隨添加水量的增加，紅色的彩度越低。相類似的調色，如紅色的色料加入白色的色料，衍生出來的顏色，皆屬於紅色色相。例如圖 1-3 的朱槿，柱頭紅色、花心深粉紅以及粉紅色花瓣，三者的顏色皆屬紅色的色相，相互有同色相的協調。在配色美學上：同色相或相鄰色的顏色擺在一起會很協調。若將數種顏色依照彩度濃度的序列或依色相環的原色、二次色、三次色的次序排列，也會很協調，而且會有漸次的動態感覺。若將兩互補色擺在一起會有很強烈的對比，但是兩顏色的面積大小不能相近。

圖 1-4 觀賞鳳梨，節間一致，紅色苞葉的間隔一致，而且前者與後者間隔之間的比例要平衡。

圖 1-5 朱槿盆花，花盆與樹冠高度的比例 2/3，樹冠的高度，與整盆盆花的高度之比例 3/5，都合乎黃金分割比例。

三、立體造形

圖 1-6　玫瑰花‘超級巨星’花瓣的排列，每一層 5 瓣，都以同一個花心為軸心，輻射對稱排列，非常整齊而且有韻律感，具有無以倫比的美感，故被稱為花中女王。其花瓣排列的輻射中心，也是玫瑰花的視覺焦點。

花卉是具有三度空間藝術品，因此花朵上的每一個花器，其構造與每一器官生長的相對位置、排列等，都需要合乎美學的原理，例如：比例、平衡、視覺焦點、對比與協調以及景深等。茲分項說明如下：

視覺焦點：在一個藝術創作中，最能夠吸引觀賞者目光的位置稱爲視覺焦點。在美學上，視覺焦點與物體物理上的重心是重疊在一起的，如果作品的視覺焦點脫離了物理的重心點，那這個藝品會顯得不穩定。又視覺重心是在整個作品最突出的位置，也就是距觀賞者雙眼最近的距離。花卉被視爲美學的產物，因此花心的部位就是視覺焦點（圖 1-6）。以大戟花序的聖誕紅爲例，在許多苞葉中心的大戟花序就是視覺重心。菊科作物管狀花的部位是視覺重心。另外爲了強調花心成爲視覺焦點，花心的顏色常與周邊花瓣的顏色有強烈的對比，例如圖 1-7 的朱槿‘白天鵝’具有白色花瓣（無彩色）與彩度最高的紅色花心。

圖 1-7　左圖紅白花色組成的朱槿‘白天鵝’，有對比很明顯的視覺焦點。右圖一樣紅白花色組成的玫瑰花，無論單一花朵，或整體插花作品都沒有視覺焦點，是失敗的作品。

(1)比例是指部分與部分，或者是部分與整體之間的一種數量關係。以人類的感官判斷，部分與整體的比例是 2/3、3/5、5/8、或 8/13……等的物件，看起來有美的感受。例如盆花商品，分成花材植株的樹冠與花盆兩個部分，植株樹冠的高度與整個商品高度（植株樹冠與花盆之總高度）的比例是 2/3、3/5、5/8 或 8/13 時最穩定、也最美。而這個比例也被稱爲黃金分割比例，是美學最重要的比例概念。

(2)平衡是指整個物件的造形，在視覺上或實物實際上具有安定感。平衡可分爲對稱平衡與不對稱平衡。前者又分爲同軸平衡與輻射平衡。大部分花卉花瓣排列的形態，多以花心爲輻射中心形成一個輻射平衡的花朵；例如玫瑰花、菊花等。但非圓形的花朵，或不一樣的器官組成的花冠，例如百合花、蝴蝶蘭，則會以中軸爲同軸，形成左右對稱的平衡，另外，如麒麟花等沒有花瓣的花，我們觀賞的花器爲總苞，還是以對稱平衡排列。但是由於花瓣都是同色彩的器官，因此少有不是對稱平衡的例子。換言之，視覺上不對稱，或不平衡的花朵，是不符合美學的劣質品種。

(3)對比與協調。美學作品中兩個以上的要件放在一起，如果彼此之間是相互衝突的，稱爲對比。有對比才有變化，作品才會生動活潑。對比分爲外形的對比和色彩的對比。外形的對比例如：大對小，或圓對方。色彩的對比例如：「萬綠叢中一點紅」爲互補色的對比；或「白雪地中一點紅」是彩色與無彩色的對比等。色彩對比的形成，相互之間大小的比例很重要。例如圖 1-7 右圖的玫瑰花，雖然花色由高彩度的紅與無彩色的白色相互形成對比，但因爲兩個顏色毫無規律的組合，反而形成混亂，沒有視覺焦點。如果作品要件之間有一種統一的關係，稱爲彼此協調。有協調性的作品，能夠讓觀賞者有穩定和諧的感覺。在花卉美學中，面積大的花朵如果只有對比沒有協調，花朵會顯得混亂，造成觀賞者不安定的感覺；若花朵只有協調沒有對比，則會顯得單調沒有活力。

(4)景深是作品三度空間立體感的美學元素。三度空間除了長、寬、高三個長度之間的和諧關係外，還需考慮到與景深的厚度。同一種花卉中，重瓣花的景深遠大於單瓣花，也比較受消費者喜愛。又花朵直徑大而厚度小的花卉，最好花瓣要有波浪狀，或花瓣上有顏色變化。例如向日葵可以利用花心顏色變化，火鶴花可以利用肉穗的顏色或造型變化來增加花朵的景深等。蝴蝶蘭盆花的景深不足（圖 1-8

上排），歐洲市場以組合盆栽的方法，將相同品種植株組合成一盆（圖 1-8 下排），增加蝴蝶蘭的立體感。另外作品中各個單元大小的協調性，彼此之間的距離，都是影響花卉美學的重要因素。例如長壽花，由於複聚繖花序是由上百朵小花組成，小花與小花在花序上相互間的間距，會影響花序的景深。若小花的相對位置適宜，使每一朵小花，每一個小花序，以及每一枝上的花序，輪廓都很清晰，立體感十足（圖 1-9）。

圖 1-8　蝴蝶蘭盆花的景深不足（圖上排），歐洲市場以組合盆栽的方法，將相同品種植株組合成一盆（圖下排），增加蝴蝶蘭的立體感。

(5)花卉美學素養的培養，要從日常生活中開始。例如多看高品質的花卉，多看世界級花卉公司的目錄，多接觸美好事物，例如參觀國際性花卉展，不只可以了解世界花卉育種，以及花卉利用的趨勢（圖 1-10），也可以看到不同地區、不同文化背景對花卉美學的結合，還可以嘗試著對目錄上的花卉，提出自己的看法。由於

圖 1-9　左圖中的白花重瓣長壽花，由於花序中的小花排列過於緊密，使小花或花序的立體感顯現不出，評價僅 9.00 分。右圖雖為單瓣，但每一朵小花，每一個小花序，以及每一枝上的花序輪廓都很清晰，立體感十足，獲得最高評價。

所有藝術創作，美學原理是相同的。所以除了接觸花卉外，接觸多元藝術也可以有不同的啓發。

圖 1-10　國際性花卉展中展示玫瑰花品種及利用方法。

(6)花卉的時尚流行。時尚是指當代社會上設計文化產業的潮流。每年由當代時尚達人開會，決定當年時尚的主流色系。社會上有關時尚文化的產業有：汽車、服飾、鞋子、裝飾品以及化妝品等。花卉產品可被利用於人體裝飾，例如胸花、頭飾花、捧花等（圖 1-11）。盆花則利用於室內布置，以及景觀利用。由於這些與花卉相關的工作都跟隨著時尚趨勢，因此花卉新品種就必須也跟著時尚流行（圖 1-12）。在 Flora Culture International（FCI）雜誌曾經刊載一篇「如何成爲時尚家」的文章，作者居然是丹麥盆花協會的會長，更讓人確信從事花卉育種必須對流行時尚有一定的認知。茲將「如何成爲時尚家」的要點摘錄如下：1. 有系統不斷的閱讀。2. 利用網路得到訊息。3. 對周遭事物的觀摩與傾聽。4. 注意人們生活方式的差異。5. 偶而停下腳步注意外國文化。6. 徹底問一個問題。7. 經常與自己或他人討論問題。8. 有系統的傳達訊息。9. 選出事物重要精髓。10. 將自己的發現成爲遠景目標。

圖 1-11　國際性花卉展中展示不同地區花卉種類並結合服飾、花藝創作，呈現多元藝術。

圖 1-12　荷蘭 Hort Fair 會場展示長壽花與女鞋，女鞋色系是 2012 年的流行色系（酒紅色），搭配的長壽花，也採用酒紅色系的品種。

第四節 花卉育種產業之經營

花卉育種者開發的品種，最終是要賣給消費者。所以花卉育種無疑的是一種商業經營事業。經營事業之前，一定要預先評估所預備執行的事業是否具有競爭力。甚至在經營事業當中，也需要隨時評估事業的競爭力，才能確保事業的永續經營。評估事業是否具競爭力，可以用商業九宮格模式（Business Model Canvas；BMC）評估。評估事業可分爲市場與生產兩方面評估。市場面的五個元素包括：1. 目標市場及其需求，2. 產品的價値定位，3. 與目標客戶是誰？4. 產品的通路，以及 5. 與客戶之間的關係，也就是怎麼賺錢。另外生產面的四個元素包括：1. 目標產品的價値定位，2. 關鍵資源，3. 關鍵合作夥伴，以及 4. 關鍵活動（圖 1-13）。茲將與日本華金剛株式會社合作的朱槿育種爲例，用商業九宮格模式評估其競爭力。

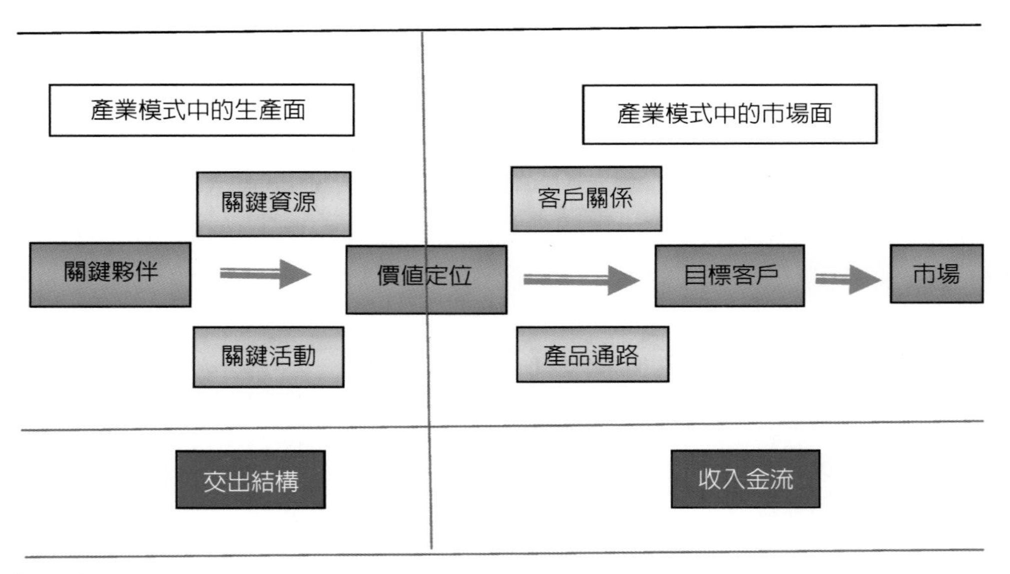

圖 1-13　商業模式評估項目（Business Model Canvas: BMC）及其相關性

朱槿育種是日本華金剛株式會社落合成光社長建議且投資的合作案。因此終端市場鎖定日本盆花市場。在朱槿品種開發案中，落合先生是關鍵合作夥伴，同時也是朱槿新品種的目標客戶。由於美國庭園用的朱槿品種花朵大，但是植株分枝少；

荷蘭的盆花用朱槿分枝多、花朵小，而且夏季高溫期不會開花。所以計畫開發的商品（育種目標），是開發分枝多、花朵大，而且可以週年開花的朱槿。

落合社長是筆者恩師黃敏展教授三十餘年的朋友，黃教授擔任育種計畫中的顧問以及翻譯工作，是重要的人力資源。其他的人力資源，還有歷年來勤奮的研究生們，由於他們的努力進行育種的各種關鍵活動，才能累積豐富的育種經驗，與豐碩的成果。育種所需要的親本，則是落合社長贈送來自歐盟各國、美國以及南太平洋地區的物種與品種。每年落合社長會來臺數次，除了不斷檢討產品的價值定位外，也隨時補充育種材料，並帶回新品種試作、試銷，然後上市。彼此之間合作無間，產品通路也非常流暢。本計畫由於朱槿品種的價值定位正確，目標客戶又是日本關西地區盆花生產的佼佼者，因此產品在市場上的評價，已經超越來自歐美的品種。加上品種開發的效率高，育種經費支出低，而且每株品種權利金收入約新臺幣三元，算是不錯的收入。近年來又成功開發了歐盟地區的新市場，讓育種者對此計畫的經營更具信心。

一個成功的育種事業經營者，除了隨時分析自己產品的競爭力外，控制成本、積極參加國際花卉展覽、尋求國內外知名的種苗商或通路商合作、積極促銷自己的品種，還要了解各國植物檢疫等相關法令，才能順利將植物輸出國外試作或販售。而注意世界政治、經濟以及產業動態，才可能讓事業永續經營。

參考文獻

周英戀。1997。花藝設計基礎篇。臺灣書店。75 頁。

黃敏展。2019。亞熱帶花卉學總論（增訂版）。381 頁。

CHAPTER 2

花卉育種理論與實務操作

細胞（cell）爲組成植物體的基礎單位，各種細胞的大小、形狀及內含物均有不同，但基本構造是相同的。植物細胞由細胞壁、細胞膜、細胞質與細胞核所共同組成。

植物的細胞核是細胞能量轉換、有機物合成及維持細胞功能的控制中心。在細胞核中，含有染色質、核仁以及核質。其中染色質在細胞分裂的中期呈條狀，稱之染色體（chromosome）。染色體由組織蛋白（histone）、非組織蛋白（non-histone）、去氧核醣核酸（deoxyribonucleic acid, DNA）與核醣核酸（ribonucleic acid, RNA）所組成，其中 DNA 爲遺傳物質。

染色體是植物遺傳、發育和成長過程中最重要的組成物質，因爲染色體內含有基因，可維持調節發育成長平衡；染色體也可以運載基因，爲親代傳遞性狀給子代的攜帶物質；染色體更是造成物種及個體間性狀差異的要角。

生物體的遺傳遵循一定的組合法則，使生物體得以將性狀遺傳給後代。

遺傳原理

遺傳（heredity）是指生物體的親代性狀與遺傳物質，在自然環境下經由有性生殖的過程，按一定法則，逐世代傳遞給後代。所繁衍的後代能在自然環境下生存下來，這個族群稱爲物種（species）。若生物體的親代性狀與遺傳物質，是經由人工媒介授粉而進行的有性繁殖，而且族群是人爲操作才留存下來的，這個族群稱爲品系（line）。換言之，植物物種的進化（plant revolution），是植物在自然界因改變遺傳物質，才能存活下來的現象。而作物改良（plant improvement）是指人爲選擇親本，以控制作物遺傳物質改變的方向，育成對人類比較有利用價值的作物。在有性生殖的過程中，遺傳物質是依循孟德爾定律傳遞給後代。

一、孟德爾第一定律—分離律

遺傳性狀是由基因所決定，基因在個體內是成對存在的。當卵子（雌配子體）

或精子（雄配子體）形成時，個體染色體內的基因分離，即每一對因子中的一個遺傳因子，由一個配子傳遞。當受精時，雄性精子與卵子結合成合子，遺傳基因又恢復成一對基因。雜交育種時，成對的基因並不會相互混合，即每基因仍具有獨立性和個別性，形成配子時，分離到不同的配子，這種遺傳理論稱爲分離定律。

二、孟德爾第二定律—獨立分配律

雜交育種的親本在形成配子後，不同兩對（或以上）相對性狀的配子均可獨立分配，以相等的機率配對成爲各種組合的配子對，這種現象稱爲獨立分配定律。

三、顯隱性遺傳

基因在植物性狀上的表現方式，可分爲顯隱性的遺傳表現，和中間型的遺傳表現。顯隱性遺傳基因的性狀表現是由一對的對偶基因控制；當對偶基因中的兩個基因不相同時，植株所表現的性狀與其中一組對偶基因（兩個基因是相同的）所表現性狀相同者爲顯性（dominance），則這組相同的對偶基因是顯性基因。另外一組沒有表現出來的性狀爲隱性（recessive）性狀。隱性性狀只有在隱性基因成對出現時才會表現出來。茲以孟德爾將高莖的豌豆品種與矮性的豌豆品種雜交的試驗說明，顯性的高莖基因（T）與隱性的矮性基因（t）同時控制植株高度的性狀。位於相對染色體的相同基因座上，TT 或 tt 具有相同的遺傳基因，稱之同質結合體（homozygote），Tt 爲兩個相異的遺傳基因，稱之異質結合體（Heterozygote）。同質結合的高莖豌豆（TT）與同質結合的矮性豌豆（tt）雜交的後代（F1），全部都是異質結合的高莖的植株（Tt）。因此，此一對偶基因的表現型，高莖的特性是顯性，矮莖是隱性。將雜交後代（Tt）與原來親本回交，子代中有 1/2 爲高莖豌豆（TT），1/2 爲矮莖的豌豆（tt）。若將雜交後代自交，子代中有 3/4 的植株是高莖，1/4 爲矮莖植株。即高莖的豌豆（TT 或 Tt）與矮莖的豌豆（tt）的植株比率爲 3：1。

四、中間型遺傳與多基因量化遺傳

植物性狀的表現，若爲相互沒有顯隱性關係的對偶基因或多個遺傳基因所控制，則子代性狀上的差異是可以量化的。例如植株高度的性狀若爲一對偶基因（TT、tt）控制，則子代共有三種（TT、Tt、tt）不同植株高度的子代，各自占有族群植株總數的 25%、50% 及 25%，不像前述的顯隱性遺傳只有兩個表現型的族群。由於子代的基因型是異質結合，植株高度又恰好爲雜交親本的植株高度的平均值，因此稱爲半顯性（semi-dominance）遺傳、部分顯性（partial dominance）遺傳、或中間型遺傳。若植株性狀爲多個無顯隱性基因控制，則隨著參與外表型表現的基因數增多，子代間的株高差異愈來愈短，最後形成連續性變異，無法分辨出級距。因此相互無顯隱性關係的多基因遺傳也被稱爲量化遺傳。燈籠草屬的植物，物種與物種之間的雜交後代，植株的高度、或葉片大小的表現，屬於多基因量化遺傳。即所有種間雜交的後代，植株之高度或葉片大小的表現，分別介於雜交親本的性狀之間。

五、遺傳率（**heritability**）

量化遺傳的特徵是不同性狀間沒有明顯界限，變異是連續性，易受環境影響，遺傳性狀由多對基因共同支配，這類的性狀稱爲量化性狀，必須利用統計學方法分析。作物育種者企圖改良量化的性狀，除了利用雜交方法增加有用基因的頻度外，還需區別外表型的表現是由環境影響或是由遺傳影響，才能選出表現型是由遺傳所產生的有用基因頻度增加的植株。

外表型的差異衍生於基因型的不同，同時生育環境也會影響外表型的表現。例如高產量的切花用文心蘭品種，若栽植時供水量、肥料及日照不足，產量將會降低，即外表型受到基因型與栽培環境共同影響。

產生一群連續性變異的外表型，統計學上稱之變方（variance），育種家可以考慮三個因子變方，即表現型的變方（δ_p^2）、基因型的變方（δ_g^2）與環境因子的變方（δ_e^2），當 δ_g^2/δ_p^2 的比值可作爲遺傳的變異程度，稱之遺傳率（h^2）；遺傳率增加顯示環境因子的影響降低，即基因的影響增加。計算遺傳率可以用來評估親代與子代之間的相似度。

第二節 育種原理

一、遺傳性變異在育種上的意義

植物在自然界的變異是物種演化的動力。變異可以分爲可遺傳的變異，和非遺傳性的變異性。變異的植株若能適應當地的自然環境，並繁衍成新的族群，此族群就成爲新物種。這就是物種進化的原理：適者生存，不適者被淘汰。如果變異是因人類操作的結果，再依人類的利益而繁殖選拔的族群，此族群就成爲新品種。所以如果植物沒有變異發生，自然界不會有新物種，人類不會有新作物。

遺傳性變異可分爲：對偶基因的分離與結合、相對染色體之異質基因交換、基因突變以及染色體變異等四種變異原因，茲分述如下：1. 對偶基因的分離與結合：植物雌、雄雙親經過授粉、受精，產生子代的基因是依循孟德爾遺傳的分離率分離，再依分配率結合，即子代的基因分別來自母本和花粉親，因此異於雙親的基因。2. 相對染色體之異質基因交換：在細胞減數分裂時，相對染色體上的基因發生交換現象，因此所產生的配子體的基因，相異於原來植株產生的正常配子體的基因。3. 基因突變是生殖細胞的基因發生的變異。這種變異是物種演化的開始。雖然基因突變率很低，但是由於生物體有許多基因，因此生物體的突變比率很高。然而突變基因大部分爲隱性基因，不容易被發現，而且有些突變基因的個體，常因基因帶來致死現象，所以就沒有突變個體。而重瓣長壽花的基因突變屬於顯性突變，因此立即被栽培者發現，被利用於改良長壽花品種。4. 染色體變異：植物細胞的染色體有一定的數量與型態。染色體上基因座（位）的排列也有一定的順序。因此只要染色體的結構改變，或染色體數改變，植物體就會發生變異。

二、非遺傳性變異在營養系育種上的意義

遺傳物質相同的作物，由於栽培在不同的環境下，致使作物產生顯著的變異，而此變異性狀並不能遺傳到下一世代，這種變異稱爲徬徨變異，或適應性變異。例如蘭科植物播種於固體培養基上的苗，其葉片比較狹長。但是播種於液體培養基中的苗，其葉片比較短圓。這種因播種場所而造成植株性狀上的差異，並不具遺傳性，所以毫無育種上的價值。

另外有些木本果樹嫁接在矮性砧木上，形成矮化植株的變異，以利於栽培管理。這種植株高度的變異，是因爲嫁接的矮性砧木造成的結果，對於樹冠部植株的遺傳性並未改變，也與育種無相關。但是聖誕紅利用嫁接方法，將原來爲小喬木狀的實生苗，轉植入菌質體（transmit phytoplasma），變異成灌木狀的聖誕紅。雖然這種變異與原來聖誕紅的遺傳性無相關，但是利用嫁接方法以轉植入菌質體的操作，卻又是聖誕紅育種上必要的育種操作（詳見第三章聖誕紅育種）。

植物生長點細胞因太陽輻射能或接觸化學物質，細胞偶會產生變異或致死，致死後續的修補細胞若也產生變異，則發育的枝條性狀與原母樹的性狀相異，這種變異稱爲「枝條變異」。「枝條變異」的種類分爲：完全變異、區塊嵌鑲變異（圖 2-1）、周緣嵌鑲變異、不完全周緣嵌鑲變異（圖 2-2）以及混雜嵌鑲變異。利用無性繁殖方法可以將變異的枝條與原來的植株分開，並繁殖成營養系族群，成爲新品種。然而營養系的外表特性穩定者，只有周緣嵌鑲體。而混雜嵌合體的後代雖然形狀上不盡相同，但是造型上還算相當穩定，可以利用無性繁殖方法維持品種特性的營養系。周緣嵌鑲體和混雜嵌鑲體在育種上是有意義的。

圖 2-1　朱紅色朱槿‘亞細亞紅寶石’自然發生區塊變異（左花），利用扦插繁殖方法，取特定側枝扦插，可以分離出純黃色的衍生品種‘亞細亞黃寶石’（右花）。

圖 2-2　白色的大花麒麟花'巧玉'自然發生不完全周緣嵌合變異，雖嵌合位置不穩定，但是若總苞片嵌合型態穩定，也能成為新的衍生品種。例如'巧玉－虎斑'（左）和'巧玉－橙紅'（右）。

三、植物生殖行爲與育種方法的關係

自然界植物經由無性生殖、或有性生殖方式繁衍後代。無性生殖是利用體細胞、組織或器官繁衍後代。有性生殖是利用生殖細胞（花粉與卵）結合成合子（受精卵），再發育成新的子代。花粉與卵的結合要先經由自花授粉、或異花授粉的動作。

自花授粉的作物又稱爲「自交作物」。自交作物的育種特性有：1. 自交作物在自然界持續自交，即使將許多自交品系栽培於同區，例如品系比較試驗，原則上品系之間極少雜交，不會有基因混雜的疑慮。2. 基因爲異質結合的自交作物，隨著自交世代增加，個體基因漸趨向於同質結合。3. 自交作物的選拔僅第一次選拔有效。

異花授粉的作物又稱爲「異交作物」。異交作物的育種特性有：1. 異交作物族群中的個體有高度的歧異性。2. 每一個體內的基因，都是高度的異質結合。3. 品種的優良特性全依靠雜種優勢。4. 選種多用混合選種法，而且持續的選種每次選種都有效果。5. 利用自然品種雜交育種效果沒有確定性。

從相同的植物品種獲單株，利用無性繁殖方法繁殖的族群稱爲營養系（clone）。營養系作物的育種特性有：1. 無性繁殖的作物只是表現型固定，其基因型多爲高度異質結合。2. 無性繁殖作物的後裔族群，若沒有體細胞突變則選種無效。即體細胞突變是無性繁殖作物獲得新品種的重要來源。3. 具雜種優勢或遠親雜交的優良後裔，可以利用無性繁殖維持品種的外表型而永續利用。

四、遠親雜交育種

雜交育種的目的是要將父母雙親的優點集結於子代個體上。若育種目標預期特性的基因，不存在於親緣比較近的品種，只好求諸於親緣比較遠的其他物種，或他屬的物種。這種雜交育種稱爲遠親雜交育種。然而遠親雜交常發生雜交不親和（cross incompatibility）的情況，例如：1. 花粉在柱頭上不萌發。2. 花粉在柱頭上可以萌發，但花粉管在花柱內伸長受阻。3. 花粉管到達胚珠，但花粉管不進入胚珠內，不能雜交。克服雜交不親和的方法有：1. 將擬雜交的親本先誘導變成多倍植株後再雜交。2. 選擇正確的雜交組合。例如長壽花的種間雜交，常有正雜交不親和的現象，但是反雜交就可以結果的現象。3. 利用中間雜交法。即擬雜交的親本沒有雜交親和性，但是先分別與另一親本雜交後，雜交的後代再相互雜交。4. 利用營養接近法。即將沒有雜交親和性的雙親，先利用嫁接方法接合成同一株樹，再進行授粉。5. 利用截除花柱法，即先將柱頭從子房上端切除，再將花粉塗抹在切口上。以及 6. 試管內受精法。

遠親雜交有時可以結果，但是有雜交種不能正常發育的情況。例：1. 早期落果，不能收穫到成熟的種子。2. 有收到雜交種子，但是種子不發芽。3. 雜交種子可以發芽，但是種苗的胚根發育不正常，植株非常衰弱或生長緩慢。這種現象稱爲雜種胚芽夭折（hybrid inviability）。早期落果的現象，可以用未成熟胚芽培養克服。種子不發芽，用刺傷種子等方法，或改進播種環境等方法克服。若遠親雜交的子代，其胚根發育不良，可以利用重新扦插，或嫁接在其他健康的植株上，新繁殖的苗生長比較正常。例如長壽花種間雜交常見胚根發育不全的植株，將這種植株重新扦插，新苗的生長可以恢復正常。

遠親雜交的子代有些植株可以開花，但是花朵並沒有正常柱頭或花藥等生殖器官，這種現象稱為雜種不稔性（hybrid infertility）。有雜種不稔性的植株雖然不能再進行有性繁殖，但是利用無性繁殖方法，也可以繁殖成營養系，成為新品種。例如：雜種聖誕紅‘桃莉’、或公主品系的品種；或雜種無刺麒麟花‘粉仙子’、或‘緋冠’，都是沒有柱頭和花藥的品種。若要將這些遠親雜種當作育種親本，必須利用秋水仙素，先將這些雜種誘導變異成具有稔實性的植株後，才能當作育種親本。

五、多倍體（polyploid）育種

自然界的物種大多為二倍體，即植物體內有兩組的染色體組（genome），一般用 2X 表示。每物種的染色體組的染色體數目各有不同，例如：洋蔥 X=3，草莓 X=7，聖誕紅 X=14，朱槿 X=28 等。二倍體植物可經由兩種過程變成四倍體：1. 有些體細胞分裂時會發生不規則分裂，形成四倍體細胞而增殖成新的變異枝條。將變異的枝條分離母體，即成為新的四倍體植株。例如長壽花在長期乾旱逆境後再發芽的新梢，偶會發現四倍體的枝條。2. 生殖細胞行減數分裂時，並未進行減數分裂，配子受精後發育成四倍體。例如大花麒麟花（*Euphorbia* × *lomi*）就是由虎刺梅（*E. lophogona*）與麒麟花（*E. milii*）自然雜交時由兩個分別都沒有經過減數分裂的配子結合成的二元四倍體。多倍數體的細胞染色體若是從同一個體染色體組增加而來的稱為同質多倍數體（autopolyploid），由兩種以上不同品種雜交所得的多倍數體稱為異質多倍體（allopolyploid）。由於倍數體的花朵與葉片常比二倍體大，而且花色與葉色也較深，因此花卉品種有許多倍數體品種。加上植物多倍體化的技術還能回復種間雜交後代的稔實能力，為育種提供更多的種質資源（germplasm）。

1. 誘導植物多倍數體化變異的機制

細胞分裂過程中，細胞會先進行染色體複製，而後排列在赤道板上，再由紡錘絲將染色體拉向兩極集中，之後染色體會被隔開形成兩個子細胞。因此影響染色體分開，分別向兩極移動的任何生化反應，都會誘導形成多倍體細胞。例如疊氮化鈉

（NaN_3）會抑制植物的呼吸作用，以致於能量不足以供染色體移動。又如秋水仙素（colchicine）或歐沙靈（oryzalin）等藥劑，容易與微管蛋白（構成紡錘絲的單元）產生鍵結，進而影響到紡錘絲的正常作用，使得細胞發生染色體加倍的現象。由於細胞分裂旺盛的時機點是午夜，其次爲正午，因此利用藥劑誘導植物多倍體化的處理，多在這兩個時間點進行。

2. 誘導植物多倍體化變異的方法

由於有細胞分裂才會有細胞變異，因此利用化學藥劑誘導多倍體，常用的材料都有細胞分裂旺盛的莖生長點，例如發芽中的種子、莖頂芽以及腋芽。茲分別將處理方法說明如下：(1) 先浸種催芽，待胚根快要突破種子外皮時，將種子浸泡疊氮化鈉溶液，經 1-2 天後取出種子將藥劑洗清，然後播種育苗，並選拔變異株。(2) 用飽和吸附有處理藥劑溶液的棉花球放在頂芽或腋芽上，每隔 12 小時再將相同藥劑滴在棉花球中經 1-2 天；也可以將處理的藥劑融入洋菜膠塊中，再將洋菜塊放在頂芽或腋芽上；或者將處理的藥劑製造成羊毛脂膏的膏劑，塗抹在頂芽、或腋芽上。(3) 結合組織培養技術，將前述兩個方法中所使用的藥劑加入培養基中，以組織培養的方法生產種苗，最後篩選出變異株。

三種方法各有優缺點。不過通常種子繁殖作物常用前述第一種方法。營養系繁殖作物常用第二種方法，例如聖誕紅或麒麟花四倍體植株的變異。組織培養容易再生的作物，則常用第三種方法，例如：長壽花四倍體植株的變異。

3. 四倍體變異株之檢測方法

變異株可以用目測比較原植株與變異植株之葉片形態的差異；或在顯微鏡下觀察比較保衛細胞、氣孔或花粉粒大小；或利用流式細胞儀檢測變異植株與原植株的 DNA 相對量；最精確的方法是在半夜剪下根的頂端，經固定、軟化根組織後，將根的細胞壓平在載玻璃片上，最後再計算單一細胞內的染色體數目。

第三節 育種計畫之擬定與執行

育種計畫之擬定需有正確的育種目標與明確的育種程序，按計畫程序逐一執行，才可能在最短時間，以較低的成本選育出優良的目標品種。

一、育種目標之設定

育種工作是長期的，育種者必須有清晰的育種目標，並理解如何去達成。在第一章商業九宮格的評估圖中（圖 1-13），產品的價值定位對花卉產品而言，就是新品種的育種目標。現代化花卉生產分工精密，以盆栽花卉的生產爲例：從花卉育種育成品種開始，還可能經過種苗生產者、盆花生產者、通路商，產品才會到消費者手中。因此育種目標即新品種的價值定位，除了要合乎消費者的喜好外，還需讓整個產業鏈的經營者賺錢。也就是在通路上：產品要低損耗，容易包裝。在盆花生產上：植株生長要快，栽培管理費用低，產品的品質穩定且整齊。在種苗生產上：種苗要容易繁殖、產量高、且種苗要強健、整齊、耐運輸。

除了上述一般品種應具備的條件外，具有競爭力的品種，必需是有突破性的品種性狀。此性狀可能是目前品種都有的重大缺陷，或是目前品種尚未有的特性。育種者直接的目標客戶，可能是品種權代理商，或該作物栽培者中的佼佼者。因此若育種者遍尋不著突破性的育種目標時，諮詢該作物栽培者中的佼佼者，或可提供最需要的產品價值定位。例如本書以下各章所育種的作物，在當時開始進行育種時，都分別有突破性的育種目標。例如：陽昇園藝公司栽培中興大學育成的聖誕紅‘紅輝’，將品種特性表現得淋漓盡致，且發現其抗粉蝨的特性，此品種才能與歐美品種分庭抗禮（圖 2-3）。具有香味且可以週年開花的朱槿、沒有刺的刺麒麟、可以週年開

圖 2-3 陽昇園藝生產高品質的聖誕紅‘紅輝’。

花的九重葛或切花壽命長達一個月的雜種石竹。所以當育種目標達成後，因爲新品種具有競爭力，很容易就授權生產者生產，而生產這些品種的生產者也都有利可圖。

二、達成育種目標的步驟及方法

建立明確的育種目標後，接著依序按照下列步驟逐步執行育種計畫。

1. 收集育種親本

選擇具育種目標特性的優良品種，或自家育種圃的優良品系爲種子親。另外再選擇血緣相近，並且具有擬育種作物所沒有的特性之優良品種，或野生種爲花粉親。所有的育種材料，包括兩性花的種子親，都需利用花粉發芽檢測方法，檢測育種材料的花粉發芽能力。花粉發芽率在 30% 以上的親本，代表授粉後容易收到種子。花粉發芽率越低的親本，進行授粉的重複數要越多。例如長壽花的種間雜交，結種子率（收穫的種子數／所授粉的花朵中的胚珠總數）低於千分之一，因此每次授粉組合至少要重複 500 朵花，才有可能獲得所預期的植株。茲將花粉發芽檢測方法簡單敘述如下：

花粉發芽基本培養基配方是採用 Brewbaker & Kwack 在 1963 年開發的培養基配方（表 2-1）。培養基中的蔗糖濃度則分別依作物種類或品種不同而異，約在 0-40% 之間。所有配方之 pH 值調整爲 6.0，並加入 0.1% 洋菜粉，經融解冷卻後成膠體狀培養基。花粉培養時，先將準備好的膠體培養基滴在血液檢查用的雙凹槽載玻片（載物的玻璃片之簡稱）的凹槽內。然後將當天採集的新鮮花粉撒布在培養基上，再將此玻璃片放入培養皿內，培養皿底部內襯兩層濾紙，並將濾紙加蒸餾水（濾紙飽和含水即可）。然後置於適當溫度的生長箱中黑暗培養。數小時後在光學顯微鏡下觀察花粉發芽，並計算其發芽率。當花粉管長度超過花粉粒直徑兩倍則視爲發芽。發芽率之計算，每種處理有六個重複，每重複約 200 粒花粉。

表 2-1　花粉發芽基本培養基成分

成分 constituents	濃度 concentration（g/l）
硼酸（H_3BO_3）	0.1
硫酸鎂（$MgSO_4 \cdot 7H_2O$）	0.2
硝酸鈣（$Ca(NO_3)_2 \cdot 4H_2O$）	0.3
硝酸鉀（KNO_3）	0.1
洋菜（Bacto Agar）	1.0

找出適於個別品種花粉發芽的蔗糖濃度後，還需找出花粉發芽的適當環境溫度，以作爲授粉季節的參考。因爲現代許多花卉作物的生產，不一定只在作物的原生地，即花卉作物開花季節的環境溫度，不一定是最適合授粉的時機。尤其是原生於熱帶高原的物種，適於授粉受精的溫度範圍很窄，植物自然開花的溫度環境，不一定會結果、結種子。利用花粉發芽試驗找出最適於花粉發芽的溫度環境，才能順利獲得雜交種子。例如：聖誕紅花粉發芽的適當溫度範圍在 18-27℃之間。換言之，在此溫度環境下容易收得種子。而在自然開花的冬季期，因爲常遇到低溫來襲，反而很難獲得種子，因此需將授粉時期調整到有穩定氣溫的春季中進行。

2. 花期調節

植物進行交配的時機，必須是在父母本雙方的生殖生長都很適合的環境條件下。如果開花季節不適合授粉，就必須調整開花期到最佳的授粉環境的時間點開花。而週年開花的作物，沒有必要進行花期調節，只需在適合授粉的季節授粉。

臺灣的氣候條件：冬天的氣溫，適合栽種溫帶地區的作物，春、秋兩季的氣溫，適合栽種熱帶、亞熱帶地區的作物。影響植物開花的環境因子，可分爲溫度調控（春化處理），與日照時間調控兩大類。所謂「春化處理」是指：植物在生長期，需經過一定期間在 10℃以下的環境栽培，植物才能開花。這種促進開花的低溫栽培稱爲「春化處理」。只有少數原生於溫帶地區的二年生、宿根、或球根等草本植物，需要經過春化處理才能開花。例如星辰花在初秋利用高冷地區育苗，滿足春化作用所需的低溫，然後在氣溫爲 10-20℃的冬天進行栽培及雜交授粉。

熱帶、亞熱帶地區的作物開花的日長反應，爲中性日照植物、或短日照植物。

在臺灣，冬天的氣溫對熱帶作物授粉而言，溫度太低；夏天的氣溫對熱帶作物授粉而言，溫度太高。又夏天進行遮光促成栽培，以促進短日照開花反應的植物在秋天開花，其難度遠超過冬天利用夜間照明的方法，將花期延到春季。因此開花屬於短日照反應的植物都在早春進行雜交授粉，例如聖誕紅、或長壽花等。與長壽花基因屬於血緣相近的物種，還有一些長短日照反應的物種，例如落地生根等。需要先在長日的環境促進莖部伸長，接著進入冬季日長短的環境下才能順利開花。然而臺灣夏天的長日時數不足，因此在九月初先將植株噴施激勃素藥劑溶液，則進入冬季日長較短的環境後，可以與長壽花同時開花進行雜交授粉。

3. 雜交授粉以及育苗

雜交育種的親本經花期調節到同期間開花後，爲了避免花粉汙染種子親，在花朵或花藥開裂之前，必須進行去除花藥的工作，稱爲「除雄」。花朵雄蕊去除之後，裸露出花朵的柱頭需用透氣性紙袋（花朵授粉屬於風媒花）、或網袋（花朵授粉屬於蟲媒花）套袋，以避免其他花粉授粉，影響雜交授粉的結果。

雜交授粉的時機，因作物種類而異。屬於溼性柱頭的物種，最理想的授粉時機是柱頭有大量分泌物時。柱頭溼潤的時間長短也與物種有關，有幾小時的，也有數天的，例如聖誕紅。屬於乾性柱頭的作物，例如朱槿的授粉，則用花藥剛開裂的新鮮花粉授粉。又如中國仙丹花，由於花粉乾燥得很快，若前一天下雨，則當天清晨溼度較高，在清晨還可以找到可授粉的花粉；若在一般天氣則必須在天未亮才找得到適合授粉的花粉。塗抹花粉時，柱頭表面需完全塗滿花粉，才能有較高的採種量。

雜交授粉後，正常結果的種子，依照一般有性繁殖方法採種、播種、育苗。若有早期落果的現象（雜種胚芽夭折），則需利用無菌播種、或胚芽培養的方法育苗。

雙子葉植物胚芽發育階段分爲：圓球胚期、心臟胚期、魚雷胚期以及子葉胚期。由於受精卵從開始細胞分裂到圓球胚期，需要植物生長素。但是胚芽進入心臟胚期時，若植物生長素的濃度太高，反而會使胚芽發生生長上的障害而夭折。因此拯救胚芽的時機，是在圓球胚期的末期。由於從受精卵開始細胞分裂到進入心臟胚期所需的時間，大約是從受精卵開始細胞分裂到種子成熟所需時間的一半時間。因此要確定胚芽拯救時間點，要先了解正常種子成熟所需的時間，推算胚芽發育到圓球胚期末期所需的時間，然後進行未成熟胚芽培養。又由於每一季節種子發育所需的時間不相同，所以胚芽培養的時間點，也需依季節調整。例如：麒麟花在高溫期種子成熟約需 4 週，在低溫期種子成熟約需 5 週。所以胚芽培養的時間點，在高溫期約在授粉後 14 天，在低溫期約在授粉後 17 天。若胚芽培養後，培植體分化癒傷組織，表示培養時間太早；若培植體褐化，表示培養時間點太遲，則需要再調整培養的時間點。

胚芽培養的培養基通常是只有營養素，不再添加任何植物生長調節物質。但是許多葉片比較大的植物例如聖誕紅，癒傷組織不容易再生體胚芽，或體胚芽形成之後，不斷的再生體胚芽，很難發育成子葉胚，遇到這種現象時，培養基可以添加 100 mg/l 核黃素（riboflavin）來光解培植體內生合成的植物生長素（auxin），以利於子葉胚的發育。

4. 優良雜交實生苗選拔

雜交實生苗育成之後，依照該物種的栽培方法種於田間或栽培容器中，並依植株大小逐步移植到較大的栽培容器，使實生苗不要因栽培容器小而有停頓生長的現象發生。栽培期間除了施肥外，儘量不施用任何農藥或生長調節劑。植株栽培期間仔細觀察每株的生長狀況，並隨時淘汰病株、畸形發育的植株或生長緩慢的植株。例如圖 2-4 顯示：左邊的長壽花苗生長強健，又有許多側枝；但是右邊的長壽花種苗生長緩慢，且沒有側枝，不適合作爲盆花栽培的品種，應該及早淘汰以降低管理費用。又如矮性雞蛋花植株除了觀賞花朵外，肥大的下胚軸與亮麗的葉片也是觀賞的主體。因此在種苗尚未開花之前，也可以針對植株的形態加以選拔，儘早淘汰小葉且沒有分枝的植株（圖

圖 2-4　右邊兩端盤上的長壽花種苗，植株型態不符育種目標，應即刻淘汰。

2-5）。

另一方面，較早開花的植株，先挑選到優選區，做更仔細的觀察，並隨時與現有的品種比較優劣。植株品質超越現有品種者，繼續留在優選區，若覺得植株品質上不如預期，可以再送回待選區。難以取捨的品種，經常多次來回於兩區，也是常發生的事。

圖 2-5 圖上方的矮性雞蛋花具有小葉片的植株應及早淘汰。

選拔開花的日長反應屬於中性日照反應的植物時，例如朱槿，早開花的植株一定是光合作用較有效率，而且光合產物的分配也優先供給生殖生長。因此早開花的植物，只要植株與花朵的形態完整、花色鮮亮，幾乎可以確定是優良植株。例如朱槿‘東方之月’、‘紅燭’、‘荷影’等品種（詳見第五章朱槿育種），都是當年同一批次的植株中最早開花者。其餘同批次的植株，若其栽培時間已經比被選出的植株的栽培時間多 50% 仍未開花，則未開花的植株都要放棄再繼續選拔。以朱槿爲例：四月播種的雜交種子，十月開始選拔雜交種苗，隔年元月底仍未開花的雜交種苗，都需淘汰。因爲晚開花的植株，代表植株的光合作用效率低，或光合作用產物被分配到營養生長上。這種植株即使花朵漂亮，但因爲生產成本高，花卉生產者不會喜歡這種產品的價值定位。從聖誕紅品種開花反應的短日週數的演變，也可以發現這種育種趨勢。例如二十世紀末的聖誕紅品種，其開花反應短日週數都在 8.5-9.0 週，但是目前的聖誕紅品種，則以開花反應之短日週數在 7.0-7.5 週的品種爲主流。

5. 優良雜交營養系選拔

優良植株經過扦插繁殖或微體繁殖成爲營養系（clone）後，必須做進階的營養系選拔。此階段的選拔著重於營養系的生產性以及整齊度。例如：每一植株生產扦插枝條的效率、扦插枝條發根的快慢與整齊度，以及營養系植株發育與開花的整齊度。扦插枝條發根遲緩或植株生長緩慢（圖 2-6 右），會增加生產者栽培管理期間，資金回收晚。發根生育或開花不整齊會造成不能同時出貨，不利於現代化的計畫生產。以荷蘭菊花育種爲例，每一營養系在選拔時都是每平方公尺栽培 36 株，若 36 株不能同一天開花，表示營養系發育不整齊必須淘汰。若在營養系選拔期間發生突發性的病害，或對某一種常用的農藥或生長調節劑產生藥害，也都需要愼重的考慮是否淘汰。

圖 2-6　圖右朱槿的營養系分枝少，且生長緩慢，不能成為商業品種。

6. 優良營養系的試作、品種權申請以及生產授權

選出的優良營養系，宜再進行試作。試作的目的，是要更了解營養系在終端產品的表現，或者發現新品系在前階段營養系選拔未曾發現的優點或缺點。例如將新育成的長壽花「PF/Hy 08-10」分別種出 3 寸、5 寸或 7 寸盆栽的產品後，分別評估各種產品型式的品質表現或生產成本。又如麒麟花‘紅龍’，若非當時再進行更近一步的試作：將植株修剪，也不會發現‘紅龍’耐修剪的優良特性而保留下來，並成爲目前暢銷的品種。

營養系的試作工作不一定由育種者執行，此工作可以找潛在的目標客戶執行。新品種的目標客戶（圖 1-13），要找栽培此作物的佼佼者，或是此作物產品的大通路商，藉由通路商也可以找到栽培此作物的佼佼者。擅長育種者，不一定兼具高超的栽培技術。將新品種交付生產該作物的專家，可以使新品種的優良特性表現得淋漓盡致；而且目標客戶在試作時，也同時會評估新品種的潛在價值。因此接下來若育種者推銷新品種給目標客戶時，就可以順水推舟的將目標客戶變成正式授權的客戶。朱槿剛在日本推出時，由於共同合作開發的華金剛株式會社本身，就是生產朱槿盆花的佼佼者。因此產品在上市第一年，就已經是市場的搶手貨，且在第二年即成長 50%。但是在朱槿剛在臺灣推出時，一直沒有亮麗的成績，後來通路商找到陽

昇園藝公司生產，種出高品質的朱槿盆花，才建立起「中興大學朱槿」的品牌價值。

7. 雜交育種的系譜及其應用

每一育種者都有自己的方法來描述系譜，而且育種者喜好去創新自己的系譜書寫法。一個好的系譜紀錄必需簡潔，即在田間紀錄的小標牌上，就能看到記錄三代以上的親本，讓育種者每天一面觀察植物，一面可以聯想到植株上的性狀是來自那一個親本。這種觀察力的培養，對爾後訂定育種計畫有很大的助益。有很多育種者只在意育種時間的紀錄，植株上給很多編號，但是對於植株來自何種親本，不能即時在育種園對於植株的來源一目了然。這些編號對於訓練觀察植株的遺傳表現毫無助益。在眾多的育種紀錄中，筆者認為美國農業部對雜交育種系譜的紀錄方法簡潔且容易了解。茲將其記錄方法說明如下：

記錄育種的父、母本時，當母親（種子親）的物（品）種記錄在左邊，當父親（花粉親）的物（品）種記錄在右邊，雙親之間以斜線分隔。例如：種子親（A）與花粉親（B）的第一次雜交的後代紀錄為 A/B。若前述的 A/B 再與另一親本 C 為雄親雜交，則第二次的雜交以雙斜線（//）表示，即其後代以 A/B//C 表示，依此類推。即每多一次雜交，父母本之間的斜線就多一條，但是多次雜交時避免斜線畫太多，因此四次以上的雜交，改成「畫一條斜線，然後寫上雜交的次數『4 或 5』」，例如 A/B//C///D/4E/5F。如果是回交（backcross），則在回交的親本之後先寫乘法的符號「X」，再寫回交次數的數字（包括第一次雜交）。例如 A×3/B/4C 的意義是指：A 為母本與 B 雜交，雜交後代連續兩次與 A 回交時，A 仍然都當母本，所以總共與 A 交配 3 次，然後其後代再與 C 雜交。

8. 品種的名稱

作物營養系決定授權、生產、上市之前，必需為營養系命名，以便於在授權、生產或上市時，在眾多作物中有一個可以有共同認知與相互溝通的名字。每一花卉作物的品種可能會有三種名字，即品種的學名、品種的商品名以及品種的商標名。茲分別說明如下：

(1)品種的學名：植物學上每一物種都有特定的名字，稱為植物的學名。每一學名由兩個字組成，第一個字為屬名，字首需大寫，後一個字為物種名，字首不必大寫，屬名與種名需用斜體字書寫，這種命名法稱爲二名法。農作物因爲種類多，物種的學名不足以區分眾多的品種種類，因此在植物學名之後，再加一個品種名，這種命名方法稱爲三名法，適用於各種農作物的命名。品種名字不需要用斜體字，但是在品種名上需再加單引號。在 1990 年代以前，雖然農作物已經使用三名法命名，但是許多生產者或通路商常會因國家或市場不同，而將品種名改名，以致於造成同一品種有兩種以上的品種名，或同品種名卻有兩種以上的品種。在市場上只要品種賣得出去，品種叫甚麼名字或許不重要。但是在國際學術研究上，品種有確定的學名是很重要的。因此 1990 年代以後，國際種苗公司開始將公司的名字縮寫寫入品種名內，並且要求任何人不得因國家、或市場需要而改名。但是品種的商品名是可以改名的。例如朱槿‘克莉絲汀’的學名寫成 *Hibiscus rosa-sinensis* ‘NCHU-7’, 商品英文名稱爲 ‘Christine’，因爲市場不同在日本品種的商品名改成 ‘New Pink’。另外國內對新品種命名，在民國九十四修定的「植物品種及種苗法」第二章品種權之申請的第十三條中規範植物品種名稱不得有下列情事之一 : (1) 單獨以數字表示。(2) 與同一種作物或近血緣物種下之品種名稱相同或相近。(3) 對品種之性狀或育種者之身分有混淆誤認之慮。(4) 違反公共秩序或善良風俗。

(2)品種的商品名或稱爲品種的俗名，也就是品種在市場上的名字。在 1990 年代以前，品種的學名與商品名經常是同一名字。育種者常因尊敬或推崇某位偉人，而以其名字爲品種的商品名，例如玫瑰花的品種有‘林肯總統’、‘芭芭拉布希’、‘甘迺迪總統’等以名人之名爲名的品種，或有因爲花卉的顏色或形態類似某些他種生物，而以他種生物名爲品種的商品名者。例如：朱槿‘白天鵝’、九重葛‘粉紅豹’等。甚至也有以地名再加上其他物品名爲名者，例如長壽花‘鵝鑾鼻的黃金’等。如何爲品種取一有特色、容易記憶傳誦、且與品種特性有關聯，以及對品種的行銷有助益的名字，也是育種者重要的工作。然而在國內許多育種者常在品種申請時所寫的品種學名，將商品名寫在學名的品種名之後，一起當作品種名申請。而在市場行銷時，則只寫品種權申請時品種學名的後商品名。例如：朱槿‘艾密莉’在申請品種權時，所註冊的學名是「朱槿‘中興 1 號—艾密莉’」。但是在市場上簡寫成「朱槿‘艾密莉’」。

(3)品種的商標名：

育種者爲了產品的行銷，常常將數個類似的品種再取一個名稱，並且向主管機關註冊，作爲這系列品種的共通的名稱，稱爲商標名。經過註冊的商標名，他人不能仿冒、複製或使用。例如中興大學與日本合作育成的朱槿品種群，在日本註冊的商標名爲「亞細亞風系列」。

9. 植物品種權的布局

植物品種權被視爲智慧財產權已成爲世界的趨勢。保護植物品種權，事實上是在保障育種者或育種機構，投入工作所應得的報酬。雖然採集的物種不列入品種保護的對象，但從田間栽培的物種經過選育程序選出的營養系，仍爲品種權保護的對象。植物品種權的認定，如同發明專利，需經過一個法定檢定過程，在國內辦理品種權的檢定，是由行政院農業委員會（農糧署）辦理審核。在美國，植物品種權的檢定，則由美國專利商標局（U. S. Patent and Trademark Office）審核（本書的最後一章將有更詳細的敘述）。

由於品種權保護的法律採用屬地主義，必需當地有申請品種權，該品種才受到保護。然而申請品種權的費用也不是很便宜，又目前申請新品種有關新穎性的規範，是可以試銷一年。因此新品種若在試銷階段市場反應不佳，或經評估「未來的新品種在某國家的市場的銷售，未能高出申請品種權的申請費與年費」，是無必要申請品種權的。另外品種權年費是逐年提高的，因此若有品種權的品種銷售數年之後，評估在市場上已經無前景，也應即刻申請撤銷品種權。

參考文獻

行政院農業委員會農糧署。2005。植物品種及種苗法。行政院農業委員會農糧署。127 頁。

高典林。1996。現代作物育種學。藝軒圖書出版社。467 頁。

楊梨玲。1998。聖誕紅實生育種之研究。國立中興大學園藝系碩士論文。100 頁。

Callaway, D. J. & M. B. Callaway, 2000. Breeding Ornamental Plants. Timber Press. 323pp.

CHAPTER 3

聖誕紅育種

一、前言

聖誕紅（*Euphorbia pulcherrima* Willd）是墨西哥 Aztes 地區的原生植物，由於花色鮮紅，被當地印第安人當作純潔的象徵。在日常生活中，聖誕紅苞葉中的色素被當作紅紫色的染劑，聖誕紅植體內的乳汁則被當作解熱劑。在 17 世紀時歐洲人開始移民美洲，法國聖芳濟教會的傳教士首先將聖誕紅應用在聖誕節的遊行裝飾中，從此聖誕紅就成爲歐美地區在聖誕節最普遍的應景盆花。到二十世紀末，聖誕紅盆花市場達全盛時期，成爲世界上產值最大的盆花。在美洲地區和歐洲地區每年分別生產 1.1 億盆，在亞洲的大陸年產約 1000 萬盆，日本年產 600 萬盆，韓國、臺灣年產量同爲 150 萬盆，估計全世界年產 4 億盆左右，產值約 10 億美金。

臺灣在 1990 年代以前，所有栽培的聖誕紅品種都來自國外。然而到西元 1990 年代以後，世界各國的育種者對於爭取智慧財產權的意識日益高漲，育種者要求每位花卉生產者，都必須支付品種權利金才能生產有品種權保護的花卉品種。政府爲了順應世界潮流，且促使花卉產業能與國際市場接軌，於是在民國八十五年著手制定聖誕紅品種性狀檢定規範，隔年檢定規範完成後，即開始接受國外品種申請臺灣地區的品種權，以保障育種者的權益。政府執行聖誕紅品種保護之同時，也鼓勵並經援學術單位和農業研究單位進行花卉品種開發。筆者在當時認爲投入育種工作的時機已經來臨，因此在民國八十五年底開始著手聖誕紅育種工作。而選擇聖誕紅爲育種標的作物的理由有：1. 聖誕紅盆花市場很大，是世界產值最高的盆花，也是臺灣年產量最大（180 萬盆 / 年）的盆花作物。若能開發出新品種，即使在市場上的占有率不高，每年也應當有相當可觀的出售量。2. 聖誕紅品種都源自一個物種，利用商業品種雜交，就可以創造新品種。換言之，育種材料的取得不成問題。3. 聖誕紅育種史記載，到 1956 年才有第一個雜交育種。換言之，聖誕紅育種歷史很短，利用現有資訊與技術，育種成果很容易追上國際水準。4. 聖誕紅品種保護的檢定規範已經著手制定，若新品種開發完成，可即刻申請品種權保護。

筆者從事聖誕紅育種至今（2020）已經有 24 年的經驗，雖然只有 6 品種取得品種專利，也曾有 2 品種在日本試作成功，並且申請專利，但不幸遇上日本聖誕紅市場每年以 30% 的速率萎縮，未曾成功上市。多年後無意中發現聖誕紅‘紅輝’具有抗溫室粉蝨危害的特性，才在臺灣授權生產，成為當時臺灣市場中唯一授權生產的國產品種。另外在西元 2020 年，陽昇園藝公司在政府業界科專計畫的支援下，育成聖誕紅 ' 玫瑰紅星 '，這是一個種間雜交的 4 倍體植株，顯示臺灣的聖誕紅品種已經足以與國外種苗公司競爭。以下內容是過去 24 年所經歷的育種經驗，謹供讀者參考。

第一節 聖誕紅品種發展史

從事育種工作之前，一定要熟讀該作物的育種史。了解品種發展史的目的有：1. 了解此作物的生殖生理及育種方法。2. 避免重蹈前人的各種錯誤，浪費財力、物力、與時間。3. 尋找作物品種特性流行的軌跡。4. 發現此作物的重大缺陷。因此擬從事該作物的育種者才能利用最有效率的育種方法，訂出有前瞻性的育種目標。聖誕紅品種開發史可分為四個時期，分別為 1. 原生種及變異的衍生種，2. 雜交品種，3. 人工誘導植物變異之衍生品種，4. 種間雜交品種及其多倍體衍生品種等四個時期。茲分別將各時期的育種方法以及重要品種特性敘述如下：

1. 原生種及變異的衍生品種時期

西元 1825 年，美國駐墨西哥大使 J. R. Poinsett 將聖誕紅引進美國。而最早有記載的品種，是 1919 年曾在美國加州地區當作切花或盆花生產的 'True Red' 和 'Early Red'。聖誕紅栽培地區的開花季節在冬季，由於與原生地的氣溫差異很大，因此結果率很低，不易得到種子。因此從 1923 年育成 'Oak Leaf' 後，到 1950 年代以前，所有的品種有 99% 皆為 'Oak Leaf' 的衍生品種，不只品種少，而且品種間的特性差異不大。此時期以紅色大苞葉、矮植株為育種目標。

2. 雜交育種時期

西元 1950 年代中期，美國農業部在賓州大學、馬里蘭大學的研究中心，以及少數私人公司，如 Paul Ecke、德國的 Zieger Brothers 以及挪威的 Thormod Hegg & Son，開始投入聖誕紅的育種研究。從此，在 20 世紀後半世紀裡，聖誕紅品種的特性改進很多。西元 1963 年 Mikkelson 首先推出枝條強韌、不易落葉、觀賞壽命長的 'Paul Mikkelson'，將聖誕紅盆花帶入新紀元。西元 1968 年，Paul Ecke 育出具有大苞片多花的品種 'C-1 Red'，並且同時推出不同花色變異的 C-1 品種群。這是第一個有不同花色衍生品種群的品種。由於二次世界大戰德軍潛艇攻擊的阻隔，歐洲種苗公司不方便從美國進口聖誕紅，因此開始從事育種，並在約 20 年後陸續推出分枝性良好的品種。例如 Thormod Hegg 在 1964 年推出 ' 安妮 '（'Annette Hegg Red'），此品種花朵大小中等，但是分枝非常好。接著德國的 G. Gutbier 在 1979 年利用嫁接技術改善植株分枝性，而育成了 'V-14' 與 'V-17'，兩品種都是大苞片且分枝性好的品種。雖然在當時尚不了解，爲何嫁接可以改善植株的分枝性。

長久以來聖誕紅盆花在室內的觀賞期不長，主要是因爲綠葉容易黃化落葉。到了 1988 年，美國 Paul Ecke 公司推出了深綠色且抗乙烯的 ' 里羅 '（'Lilo'）品種，後來又推出了 ' 自由 '（'Freedom'）品種，這是短日週數 9 週的品種。從此聖誕紅上市的日期提前到 11 月下旬。' 自由 ' 品種有深紅色的大苞葉、深綠色葉片，且植株強健耐蔭栽培容易，是臺灣在 1990 年代剛發展聖誕紅盆花產業時與 ' 彼得之星 ' 'Peter Star' 並駕齊驅的品種。

到了 1990 年之後，歐洲的聖誕紅育種更蓬勃發展，較有名的品種有德國 Fischer 公司推出的 ' 柯蒂斯 '（'Cortez'）和 ' 索諾拉 '（'Sonora'）系列，與 Selecta 公司的 ' 聖誕節 '（'Christmas'）系列，以及荷蘭 Dummen 公司的 ' 紅狐 '（'Red Fox'）系列和 ' 聚光 '（'Spotlight'）系列。

3. 植物變異之衍生品種

雖然在 1950 年代末期聖誕紅開始有雜交育種，但是雜交的親本都是來自 *Euphorbia pulcherrima* 物種的品種，因爲品種間缺少多樣化的外形，所以雜交子代的遺傳變異範圍很小，子代植株的外形雷同，育種改良的成效也非常有限。幸好聖誕紅的自然芽條變異的比例很高，從 1923-1990 年之間，聖誕紅品種約有 83% 的品種，是從 17% 的雜交品種衍生來的，可見芽條變異選種在聖誕紅育種方法中扮演種要角色。例如：每一個紅色苞片的品種，至少都會有白色苞片、粉紅色苞片以及白色苞片具有粉色中肋等三種變異。'Annette Hegg Red' 是芽條變異最多的品種。

在 'Annette Hegg Red' 推出的 20 年後總共又衍生了 14 個品種。然而自然變異的植株，其形態變化的模式有限，而且變異率不高，往往需要大量繁殖後才能發現變異株。

利用放射線照射或化學藥劑處理誘導植物發生變異的育種方法，發展於二十世紀初葉，到 1960 年代誘變育種技術已經非常純熟。臺灣聖誕紅產業最負盛名的 '彼得之星' 與四倍體的 '新大禧' 即是由丹麥育種家 P. Jacobsen 利用 γ-ray 照射，分別將 'V-17' 或 '大禧' 進行放射線誘變所衍生出來的品種。二十世紀末，誘變育種技術越來越進步，加上市場著眼於消費者訴求，品種特性除了偏向單位面積生產量高且運輸費用低的中小型花外，各公司也相繼推出許多具特殊性狀的品種，例如苞葉狹窄且朝上生長的 '小丑'（'Jester'）、苞片捲曲之 '聖誕玫瑰'（'Winter Rose'）、苞葉顏色噴點狀的 '勃根地'（'Burgundy'）等。

4. 種間雜交品種及其多倍體衍生品種

由於聖誕紅的族群來自同一物種，品種之間的遺傳歧異度範圍很窄，雖然大量運用人工誘變技術開發許多奇特形態的聖誕紅，但是還是不能滿足市場的需求。因此在二十世紀末，全球的聖誕紅市場逐年大幅萎縮。爲了解決聖誕紅產業的危機，種苗公司才開始思考利用種間雜交擴充聖誕紅的遺傳歧異度。美國 Ecke 公司首先以 *Euphorbia pulcherrima* 與 *E. cornastra* 進行種間雜交，並於 2003 推出第一個種間雜交種 '桃莉'（'Dulce Rosa'）。接著日本的 Suntory 公司也利用相同的雜交組合，於 2006 推出數個公主系列的聖誕紅品種（Princettia series）。這些品種最大的特徵是：具有類似螢光質，非常明亮的苞片，但是由於植株都很小，而且枝條纖細且木質化很慢，類似草本植物，不適於作爲大型盆花。因此 Ecke 公司再以多倍體化技術，育成具有大型植體的 '四季桃喜'（'Lov U'）。接著 Suntory 公司也育成 '羅莎女王'（'Rosa Queen'）。

在品種權保護的規範中，育種者不能以誘變育種技術，將別人的品種誘變成新品種；但是可以以別人的品種作爲雜交親本，開發自己的品種。然而由於聖誕紅品種的市場競爭越來激烈。雜交育種的流程越來越快，爲了壓制競爭對手的競爭，Suntory 公司開始利用發明專利保護種間雜交的新品種。例如 Suntory 公司的雜種聖

誕紅 'Princettia-Hot Pink'，植株並不會產出花粉，所申請的專利保護限制卻說：不得利用這品種經多倍體化後所產生的花粉作爲育種材料。這與國際育種者聯盟所規範的不相符，這種專利將會阻礙品種的發展。

第二節 聖誕紅的生殖生長

1. 聖誕紅的開花調節

依每日日照時間週期對開花的影響分類，聖誕紅屬於絕對性的短日植物，當植株培養在夜間溫度 18-24℃，每日日照時數少於 12 小時 30 分到 12 小時 45 分範圍約 4-8 日後，植株的生長點即從營養生長轉變爲生殖生長，開始花芽分化。前述的每日日照時數稱爲「開花反應的限界日照時數」。聖誕紅生長在臨界光週期時數以下，夜間溫度若高於 24℃，則花芽分化完全被抑制而轉爲營養生長。在北半球約在 9 月 21 日前後，每天的日照時數約等於聖誕紅的限界日照時數。換言之聖誕紅在秋分前後植株會開始花芽分化。

短日植物從栽培於短日環境下，花芽開始分化到花朵開放所需的週數，也就是花芽發育所需的週數，稱爲「開花短日週數」，是短日下開花的花卉品種之分類方法。聖誕紅品種的開花短日週數因品種而異，有從 6.5-12 週的品種。目前商業品種最早生品種爲 6 週半，但以 7-12 週的品種最多。換言之，大部分聖誕紅品種在 11 月中旬到 12 月中旬開花。所以如果要聖誕紅提早開花，植株在預計開花日期之前，需利用黑暗處理，讓每日的光照時間少於聖誕紅的臨界日照時數。黑暗處理的日數則與種植品種的短日週數相同。如果要聖誕紅延後花期，則在 9 月 21 日之前，每日的半夜（23:00-01:00）以人工照明增加照光的時數。

2. 聖誕紅的花器構造

聖誕紅在園藝上所稱的花瓣，包括苞片及與苞片同顏色的葉片所組成。事實上聖誕紅生殖器官的特徵爲：雌、雄花皆無花萼、花瓣。每一朵雌花（只有子房和柱頭）四周圍繞許多雄花（只有花藥），這些雌或雄花生長在一個杯狀的構造內，杯狀構造外緣有 1-4 粒黃或橙紅色杯狀的腺體，這種花序稱爲大戟花序（cyathium）（圖 3-1）。聖誕紅大戟花序生長的排列方式很像聚繖花序。首先在枝條的頂端，長出一個大戟花序。此花序生長的位置同時分出三支等長的花軸。每一支花軸的頂端，再長出一個花序，而其生長的位置，再分出 2 支等長的次花軸。在次花軸上，再以類似總狀花序的排列方式長出許多大戟花序（圖 3-2）。每一個大戟花序生長的位置有一片苞葉。在第一、二級的花軸上的大戟花序中通常只有雄花。雌花通常出現在次花軸上的第 2 個大戟花序之後的花序中。換言之，要見到雌花的子房與柱頭伸出大戟花序的總苞，從第一個花藥伸出總苞後，到看到第一個子房伸出總苞，至少需要再 30 天。所以舉例來說如果聖誕紅‘紅輝’（短日週數爲 7 週的品種）要在春分（3 月 21 日）之後氣溫穩定且夜間沒有低溫的問題再進行授粉，那麼半夜照光延遲開花的處理，需在秋分（9 月 21 日）之前開始夜間照明，並且持續照光到子房伸出總苞當天的前 79 天（短日週數之天數 + 30 天），即 1 月 3 日才停止夜間照明。

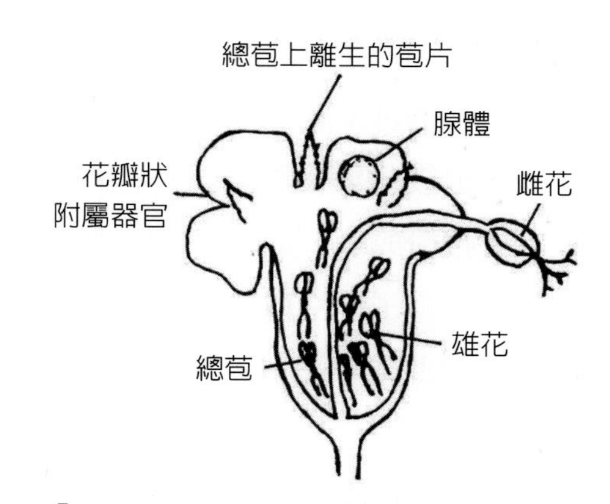

圖 3-1　聖誕紅大戟花序縱剖圖

圖 3-2　聖誕紅大戟花序在植株上的排列，阿拉伯數字代表大戟花序的層次，一般品種在第 4 層（實心花朵）以後的花序才有雌花

3. 授粉時機與蒴果發育

具有雌、雄花的大戟花序，開花時雌花先開，然後雄花再伸出總苞。因此聖誕紅在自然界需有媒介昆蟲授粉才能結實，且異花授粉機率很高。當雌花之子房伸出總苞之後，三裂的柱頭會反轉分離，子房直立朝上，此時即爲授粉最佳時機。由於聖誕紅在自然界是由昆蟲媒介授粉的植物，因此每一天腺體頂端的杯口有蜜液

的時間點，是昆蟲活動頻繁的時間點，也是聖誕紅授粉的時期。授粉後隨著子房的發育子房柄越來越下垂，變成子房朝下生長。隨著種子的發育，子房又逐漸轉朝上生長，最後蒴果成熟開裂。聖誕紅每一子房有三個心室，每心室只有一個胚珠，因此即使授粉成功，最多只能得到三粒種子。但是一般雜交授粉所結的果實最多只能獲得 2 粒種子，採種量很低。授粉成功的果實心室外層的果皮是光滑的（圖 3-3 左圖），因此從果皮的外觀即可預知種子的收穫量。又聖誕紅不容易結果，授粉失敗的果實，子房朝下生長後不會再轉成爲朝上生長。因此發現果皮有皺褶（圖 3-3 中），或子房沒有轉變爲朝上生長，或者果實直立生長前發現果皮開始由綠色轉橙黃色時，都應立即取下果實，進行未成熟種子培養，或胚芽培養的拯救動作（圖 3-3 右）。

圖 3-3　聖誕紅授粉成功的果實（左），與授粉失敗敗育果實（中），以及胚芽培養（右）。

第三節　提高聖誕紅結實率的方法

早在 1925 年美國密蘇里州植物園的栽培手冊中，即已記載著聖誕紅結果率很低。另也有育種者也提到聖誕紅結種率低，且每粒果實只有一粒種子。因此聖誕紅在 1950 年以前雜交育種很少見。所有的商業品種幾乎都是從 ‘Oak Leaf’ 自然芽條變異枝條選出來的。直到 1950 年代，美國農業部和大學研究機構才開始研究聖誕紅雜交的問題。例如：Stewart（1959）發現聖誕紅結實的適當溫度是 21℃，而且授粉溫度很窄。當溫度提高或下降 5℃時，結實率僅有原來的 10-20%。因此當筆者在 1996 年決定進行聖誕紅育種時，立即大量收集商業品種，並測試各品種的花粉發芽率，以及花粉的發芽適當溫度。結果發現：在 23℃以下花粉發芽率以 'Elizabeth'（臺灣野外常見紅花品種）最高，其次為 'Freedom' 和 'Gross Supjibi'，其他品種花粉發芽率低於 20%（圖 3-4）。'Gross Supjibi' 的花粉發芽適溫為 23-25℃，'Freedom' 的花粉發芽適溫為 23℃（圖 3-5），'Lilo' 花粉發芽的適當溫度為 20-23℃。又 'Peter

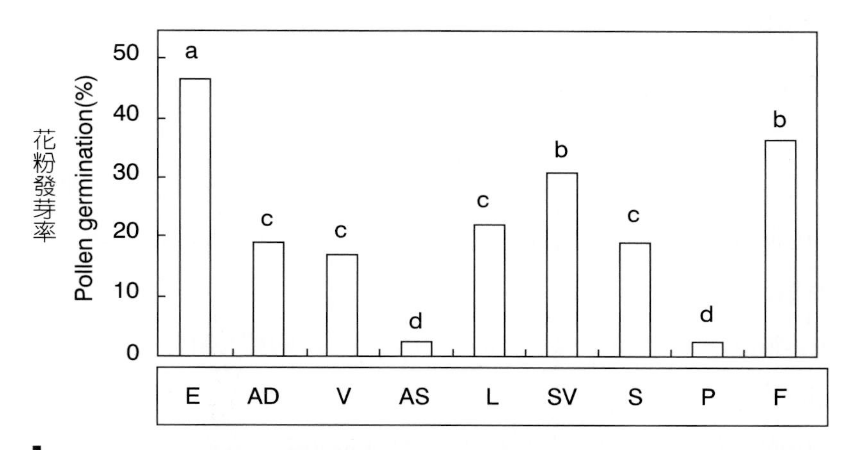

圖 3-4　聖誕紅不同品種在 23℃下花粉發芽率。E: 'Elizabeth', AD: 'Annette Hegg Dark Red', V: 'Gutbier V-14 Red', AS: 'Annette Hegg Diva Starlight', L: 'Lilo', S: 'Gross Supjibi', VS: 'Viner Star', P: 'Petoy', F: 'Freedom'

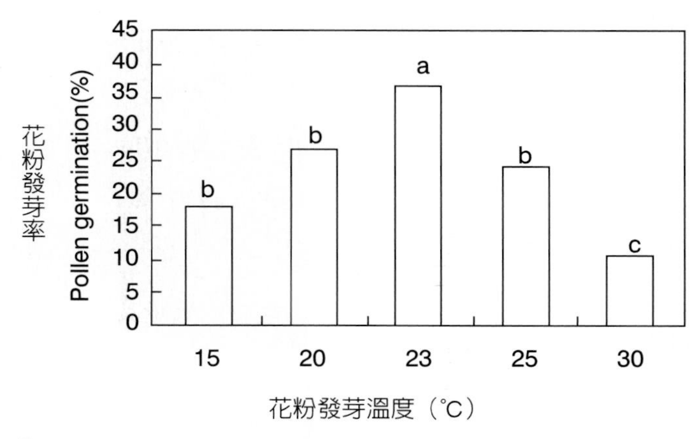

圖 3-5　溫度對聖誕紅 '自由' 花粉發芽之影響

Star’ 的花粉粒小，且呈深褐色，完全不發芽。而後證明前述三個品種作爲育種親本結實率較高，而 ‘Peter Star’ 不管當父本或母本，雜交授粉後皆得不到果實。

另外，觀察花粉授粉在柱頭上後的花粉管生長情形。在適當氣溫下，授粉後當天即可看到花粉發芽，但是在第 4-5 天後才可看到受精現象。經對照授粉後田間溫度變化發現：授粉後 5 天之內若每日的平均溫度能維持在 21-23℃者，則結果率在五成以上。從臺灣聖誕紅開花季節看，在第四級大戟花序雌花開時已近入冬季，此時要有一週 23℃的日平均溫，其機率並不高。因此聖誕紅在野外、田間幾乎看不到有結果的現象。因此利用半夜照明的方法，從秋分前開始照明，到 12 月底停止照明。則聖誕紅的第一個雄蕊突出總苞，會在 2 月中、下旬，而雌蕊突出總苞，會在 3 月中下旬。此時節，臺中的日平均溫度約 23-25℃，適合聖誕紅花粉發芽，亦即是聖誕紅的最佳授粉季節。在 3 月授粉雖然果實發育較快，約 2 個月後果實可以成熟，但在果實發育近成熟階段時會遭遇梅雨，需預防灰黴病發生，以免早期落果。因此建議在防雨設施下進行授粉工作。

2. 利用去除菌質體（phytoplasma）的技術，獲得健康植株，提高花粉活力。

聖誕紅的分枝性最早被認爲是類似病毒的病原物質引起。至二十世紀末，利用分子生物學技術分析，才證實促進聖誕紅分枝的物質爲菌質體（沒有細胞壁的微生物，其細胞質存在於寄主的細胞質中）。利用 DNA 之限制片段長度多型性的分析方法，發現菌質體可分成四群：(1) 類似引起加拿大桃 X 病和西方 X 病的菌質體，(2) 類似苜蓿葉緣病的菌質體，(3) 類似翠菊黃葉病的菌質體，以及 (4) 類似西方 X 病的菌質體再加上引起植物天狗巢病的菌質體。感染菌質體的聖誕紅，雖然有促進分枝性的優點，但同時也降低了花粉活力。利用莖頂培養、生長點培養、體胚芽再生等方法、或配合 35-37℃下的環境培養數天，有機會將已經感染病毒的植株體內的病毒去除掉，而獲得健康的植株。相同的原理和方法，也可以利用於去除植物體內的菌質體。因此聖誕

圖 3-6　莖頂培養之營養系，摘心後只有頂端的 2-3 個腋芽可發育成側枝（右），左邊為原商業品種摘心後分枝很多。

紅雜交育種之前，若收集的優良品種，因為花粉發芽率低，雜交授粉很難獲得果實，也可以利用前述的方法培養這些品種。植株成活後，種植於花盆中，待植株生長至第 12 片葉時進行摘心處理，若摘心後僅頂端 2-3 腋芽可發育成側枝，其餘腋芽仍未萌芽，則顯示此植株已經去除菌質體成功，可作為授粉親本（圖 3-6）。若再檢測這些不易分枝植株的花粉，可以發現經過莖頂培養繁殖的植株其花粉發芽率提高了（圖 3-7，表 3-1）。

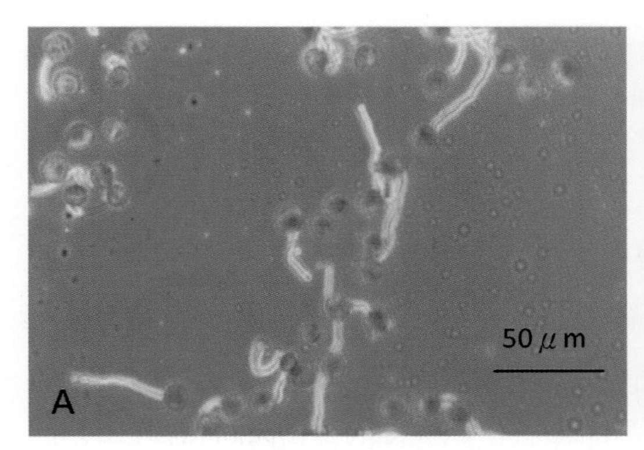

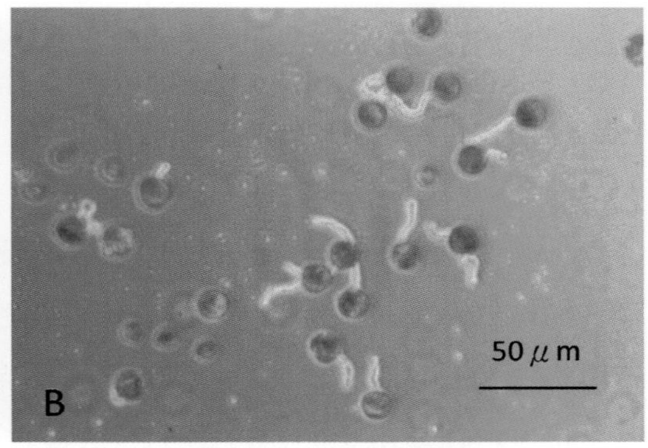

圖 3-7　經過莖頂培養後，聖誕紅‘成功’的花粉活力 (A) 比一般聖誕紅‘成功’的花粉活力 (B) 高。A 圖中的花粉發芽多且花粉管長。

表 3-1　聖誕紅繁殖方法對花粉發芽百分率之影響

品種	扦插繁殖苗	莖頂培養苗或體胚苗
自由	32.9a	39.8a
倍利	0a	0a
彼得之星	0a	0a
成功	24.3b	31.0a
諾貝爾之星	0a	0a
紅光輝	19.0b	33.9a

註：‘自由’、‘倍利’、‘彼得之星’是莖頂培養苗，‘諾貝爾之星’、‘紅光輝’是體胚苗。

以這些植株若當作授粉的花粉親或母本，也都有提高結果率的效果（表 3-2）。

表 3-2　親本來源對互交後結實百分率之影響

親本來源 ♀ × ♂	C × C^{z}	C × T.C.	T.C. × C	T.C. × T.C.
成功 × 紅光輝	--	--	2.0 (1/50)	13.3 (8/60)
紅光輝 × 成功	4.0 (2/50)^{y}	15.0 (12/80)	6.3 (5/80)	28.8 (23/80)
自由 × 紅光輝	23.3 (1/30)	26.7 (3/25)	30.3 (9/30)	40.0 (12/30)
紅光輝 × 自由	--	--	16.7 (5/30)	23.3 (7/30)
自由 × 成功	3.3 (7/30)	12.0 (8/30)	--	--
平均	9.1 (10/110)	17.0 (23/135)	10.5 (20/190)	25.0 (50/200)

^{z}：C：扦插苗；TC：‘自由’、‘倍利’、‘彼得之星’是莖頂培養苗，‘諾貝爾之星’、‘紅光輝’是體胚苗。括號內的數字：(結果數 / 授粉數）。

但是有些品種是經由放射線照射的變異品種，如‘彼得之星’、‘諾貝爾之星’等，植株的花粉完全是沒有活力的，即使經過體胚芽再生的培養，所獲得的植株已不再具多分枝的特性，植株的花粉還是完全沒有活力（表 3-1）。不過如果在‘彼得之星’體胚芽再生的過程中，在培養基添加疊氮化鈉（NaN_3）溶液，有些再生的體胚芽變異株，還是可以發現有少數變異植株的花粉是有萌發能力的（圖 3-8）。

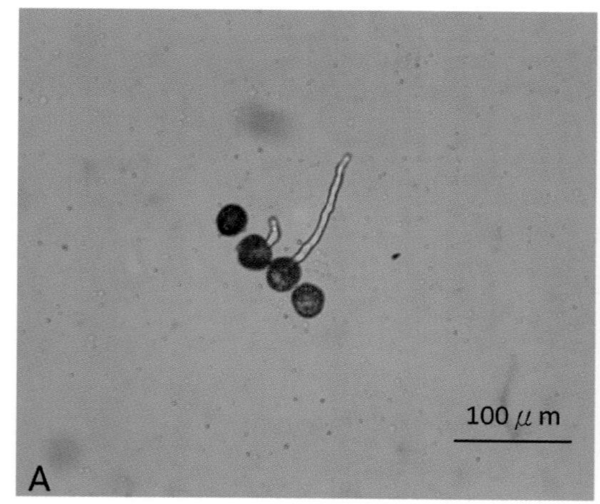

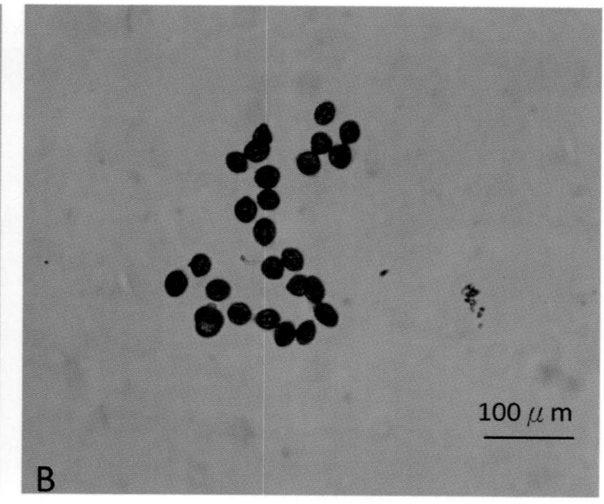

圖 3-8　體胚芽培養對聖誕紅‘彼得之星’花粉活力比較。A：體胚芽植株的花粉有花粉管，B：一般‘彼得之星’的花粉全部沒有花粉管。

第四節 播種技術與植株選拔

聖誕紅在 11 月中下旬授粉者，果實約在翌年 4 月成熟；而在 3 月下旬授粉者，則在 6 月前可以收到成熟的種子。種子直徑約 0.5 cm 大小與黃豆相仿，果皮黑色光滑。由於成熟種子的外殼非常堅硬，播種後需兩週才能發芽。播種前若將種子浸種三天（中間換水一次），則播種後一週即可發芽，而且發芽時間比較整齊。聖誕紅種子發芽型態屬於地下發芽型，播種深度約 1 cm，正常的種子發芽種子皮會留在土壤（介質）內，下胚軸和子葉伸出土壤（介質）外，然後子葉展開。但有些聖誕紅的種子發芽，種子皮不能正常脫落留在土中，會隨著下胚軸伸出土壤而且一直黏著在子葉上（圖 3-9），必須人工將種子皮剝除，否則子葉不能張開，導致後續的葉片也不能生長。當子葉的養分耗盡時，植株就會死亡。

圖 3-9　聖誕紅不正常的種子發芽，需人工剝除種子皮。

3. 實生苗選拔

花卉育種植株的選拔，必須從小苗開始。隨著植株的成長，逐步淘汰不良的植株。例如容易罹患病害的、容易徒長的（長節間的）或生長遲緩的植株。育種者若能找出苗株早期性狀與開花性狀的相關性，也可以早期淘汰性狀不良的植株，以降低育種成本。聖誕紅的花心是由許多大戟花序組成，花瓣是由許多枝條頂端會著色的葉片、與苞葉組成。花心緊實是聖誕紅優良的性狀之一（圖 3-10），因此大戟花序在花軸上的相對排列位置會決定聖誕紅花的品質。聖誕紅花軸上的第一級大戟花序至第二級大戟花序的距離（三分叉到二分叉的距離）太長時，花中心部分在視覺上會覺得太鬆散，是不良性狀，而此性狀與實生苗節間有正相關（圖 3-10）。因此依照此相關性分析的結果，枝條的節間大於 2 cm 的植株，可以早期淘汰。另外苞葉是聖誕紅主要觀賞的花器官，苞葉片太小者無觀賞價值。而葉片的長或寬分別

圖 3-10　左邊植株的花心鬆散性狀比不上右邊植株有緊實的花心。

與苞葉的長或寬有正相關。因此植株雖在苗期時，葉片狹長的植株也應及早淘汰。

實生苗開花時，可以以植株的早花性、花心大戟花序的排列、苞葉質地、顏色以及頂部葉片著色多少、葉與苞葉大小的平衡等性狀進行初選。由於實生苗的植體內並未有菌質體存在，因此會因接種菌質體後而有所改變的性狀，例如：分枝性以及苞葉外形等性狀，必需待轉植入菌質體後，再進行營養系選拔。

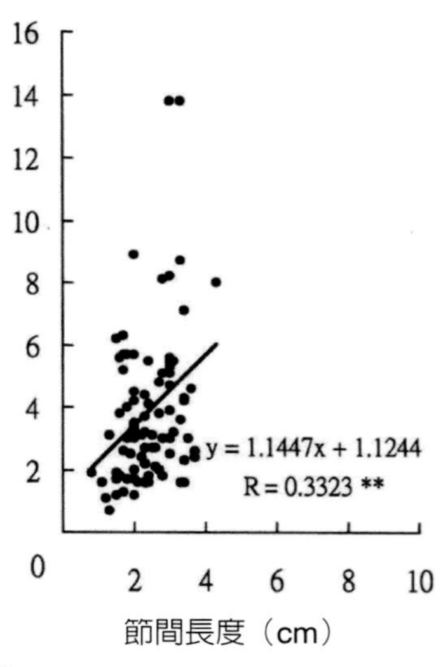

圖 3-11　雜交實生苗節間長度與第一及第二大戟花序間距之相關性。

第五節　利用嫁接轉植入菌質體以改變實生苗的植株性狀

菌質體是沒有細胞壁的微生物，它存在於寄主的細胞內，而影響寄主的生理與外表形態。一般病原微生物的傳染途徑，例如傷口接觸感染，或昆蟲傳染，都不能媒介菌質體傳染。聖誕紅植株體內的菌質體唯一的傳染途徑是藉由嫁接感染。但即使是將健康的植株與已經感染菌植體的植株靠接在一起，也需要約一個月的時間才能將菌質體從感染植株轉植入健康的植株內。

木本植物的嫁接繁殖方法包括靠接、枝接以及芽接等方法。靠接方法的繁殖效率比較低，因此除非其他嫁接方法的成功率低，極少人會利用靠接繁殖苗木。但是聖誕紅的枝條中空有節，而且受傷時傷口會流出乳汁，因此嫁接的困難度比一般作物嫁接的困難度高。若比較聖誕紅各種接枝的方法的成功率，例如：割接、切接、搭接或舌接等嫁接方法，結果顯示：割接的嫁接方法成功率比較高。然而進一步比較聖誕紅進行嫁接時，實生苗與商業品種的正、反相對位置的嫁接對成功率的影響。試驗發現：若以實生苗再扦插繁殖的苗為砧木，嫁接的成功率高達 70%，而以商業品種繁殖的扦插苗為砧木時，嫁接成功率僅 20%（表 3-3）。另外由於聖誕紅枝條中空有節，因此接合的位置，一定是將接穗枝上的節與砧木枝上的節接合，才能提高嫁接的成功率。

表 3-3　商業品種與選拔出的優良實生苗正反嫁接之親和力[z]

實生苗	自由		大喜		彼得之星		嫁接親和力	
	正接[y]	反接[y]	正接	反接	正接	反接	正接	反接
EF×EF86-1	○	X	○	X	○	X	3/3	0
EF×G86-1	○	X	○	X	○	X	3/3	0
EF×G86-3	○	○	○	○	○	X	3/3	2/3
G×EF86-1	○	X	X	X	○	X	2/3	0/3
G×EF86-4	○	○	○	○	X	○	2/3	3/3
G×EF86-6	○	X	○	X	○	X	3/3	0/3
G×EF86-7	○	X	○	○	X	X	2/3	1/3
G×EF86-9	○	X	X	X	○	X	2/3	0/3
G×EF86-13	○	X	○	X	○	X	3/3	0/3
G×EF86-18	○	X	○	X	○	X	3/3	0/3
G×EF86-20	X	X	X	X	○	X	1/3	0/3
G×EF86-21	○	○	○	X	X	X	2/3	1/3

實生苗	自由		大喜		彼得之星		嫁接親和力	
	正接[y]	反接[y]	正接	反接	正接	反接	正接	反接
G×EF86-22	○	X	○	X	○	X	3/3	0/3
G×GS86-1	○	X	X	○	○	X	2/3	1/3
G×GS86-2	X	X	X	X	○	X	1/3	0/3
G×GS86-4	○	X	X	X	X	X	1/3	0/3
G×GS86-5	○	X	X	○	○	○	2/3	2/3
嫁接親和力	15/17	3/17	7/17	4/17	10/17	2/17	36/51	10/51

[z]：10 月 11 日開始嫁接至翌年 7 月 1 日為止，期間若嫁接成活之組合即不再嫁接，嫁接成活之組合以○表示，未成活之組合以 X 表示。

[y]：正接時，商業品種為接穗，實生苗為砧木；反接時，商業品種為砧木，實生苗為接穗。

菌質體在寄主植株體內的移動，主要位置是在篩管位置，篩管中營養液的移動方向，是從植株的莖頂部往根部的方向流動，而且大部分植體內的菌質體主要存在於老葉、葉柄和中肋。故以實生苗爲接穗時，當嫁接成活後，若砧木中的菌質體尚未轉移到枝條頂部組織時，所採集作爲扦插繁殖材料的枝條，有可能沒有菌質體。因此正、反嫁接成活的嫁接組合中，以商業品種爲砧木、實生苗枝條爲接穗者，嫁接成活後，從嫁接後的樹冠採集的枝條，經扦插繁殖的植株，仍有部分植株的分枝性狀並未改善（表 3-4）。因此利用嫁接方法轉植入菌質體到實生苗的枝條時，建議以實生苗的營養系爲砧木、商業品種爲接穗。嫁接成活後，嫁接苗予以摘心處理，觀察實生苗的腋芽是否全數都發芽長成側枝，再取砧木上的側枝扦插，即可以育成具分枝性的聖誕紅。

表 3-4　聖誕紅商業品種與 G×EF 86-4 實生苗嫁接後所繁殖之實生苗營養系性狀之改變

接穗	砧木	分枝數		節間長度（cm）		葉身長度（cm）		葉寬度（cm）
G×EF 86-4[z]		3.0	c[y]	6.4	a	11.3	a	6.7 a
EF	G×EF 86-4	9.0	a	2.6	c	11.8	a	7.5 a
G×EF 86-4	EF	2.0	c	7.2	a	10.0	ab	6.5 a
GS	G×EF 86-4	5.5	b	3.1	bc	7.9	b	5.3 b
G×EF 86-4	GS	5.0	b	4.1	b	10.2	ab	7.1 a

雖然植物病理學家曾經將將聖誕紅植體內的菌質體分為四群，但每一品種植株體內的菌質體是屬於那一群，或者那一群的菌質體轉植入聖誕紅實生苗後，對聖誕紅實生苗性狀的改變為何，很少有文獻報導。事實上，實生苗嫁接不同品種轉植入品種內的菌質體後，每一實生苗性狀的改變都不盡相同。除了分枝性外，節間長度、葉柄長度、葉長、葉寬、葉片缺刻、苞葉顏色等都有改變的可能（表 3-4、圖 3-10）。另一方面，轉植入菌質體的效果也並非都是正面的。有些實生苗或許生

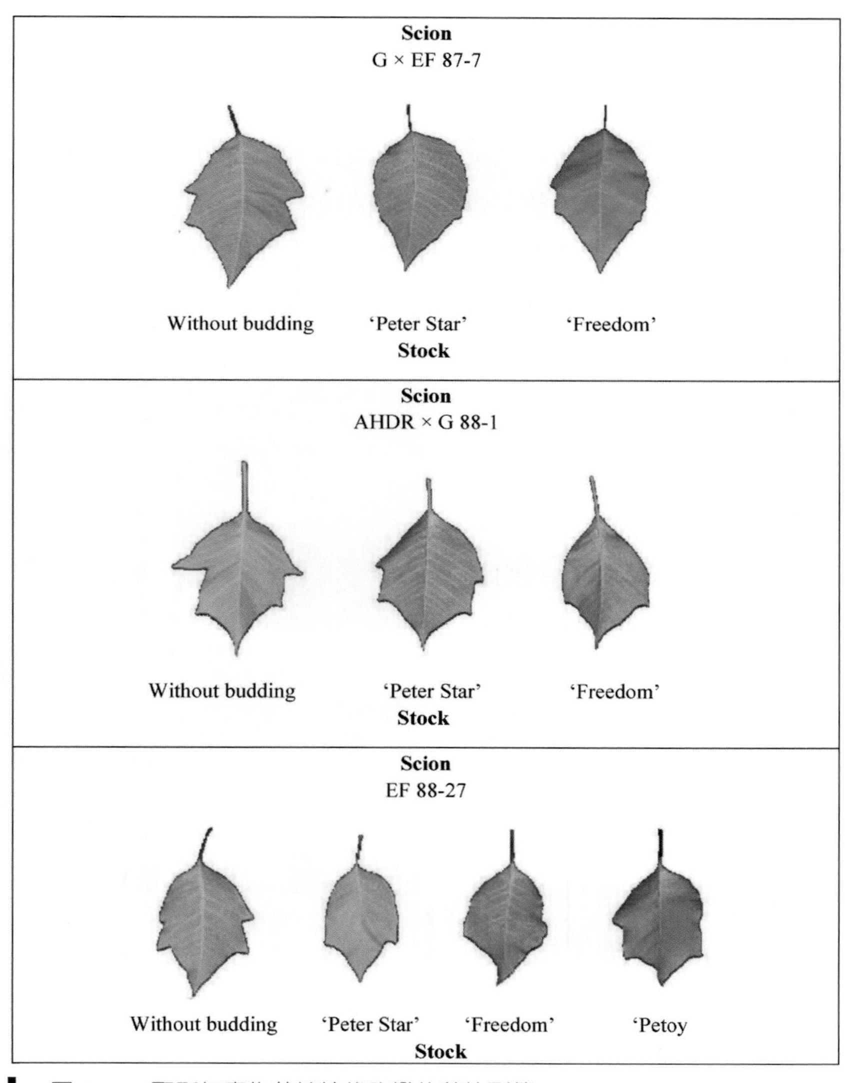

圖 3-10　聖誕紅實生苗嫁接後改變的葉片形態

長勢弱，經轉植入菌質體後，也有植株變成莖幹纖細倒伏的情形。因此聖誕紅育種流程中，實生苗被轉植入菌質體後的營養系，需再經過第二次選拔。以經驗而言一般的實生苗，嫁接於‘彼得之星’後的實生苗營養系，被選為優良營養系的機率較高。其次為嫁接於‘自由’者。另外，已經被轉植入菌質體的營養系，若其分枝性仍不理想，是可以再與其他品種嫁接。經多次嫁接後再繁殖的實生苗營養系，其性狀也還有再改善的空間。

4. 利用芽接嫁接方法縮短菌質體轉植進入的時程

聖誕紅利用割接方法嫁接轉植入菌質體，必需先將被選出的優良實生苗繁殖成營養系，才能轉植入不同的菌質體，以比較不同菌質體對植株形態的影響。然後再選出符合育種目標的植株。換言之聖誕紅育種流程，需經過兩次的營養系繁殖，兩次的選拔，以及一次嫁接繁殖，整個育種流程前後需要五年的時間。

為了縮短育種時間，在實生苗尚未開花前，削取實生苗的腋芽，然後芽接於不同品種的枝條上，再剪下由腋芽長成的側枝，繁殖成營養系。就可以在實生苗開花選拔時，同時選拔開花而且已經轉植入菌質體的實生苗之營養系。這種育種流程只需要花費三年的時間。由於聖誕紅枝條的傷口會流有乳汁，影響芽接的操作，甚至降低成活率。因此建議：芽接前植株需停止灌溉以減少乳汁產生。又在芽接時，砧木上的切口採倒 T 字形芽接，且需在砧木枝條的芽接位置橫向切開將乳汁向下引流後，再縱向切開，使切口呈倒 T 字形芽接的傷口。最後再將接穗的芽塞入砧木上的缺口中，並用石蠟帶包紮傷口（圖 3-11）。

圖 3-11　聖誕紅芽接方法：(A) 接芽，帶葉柄的腋芽；(B) 砧木之倒「T」字形切口；(C) 芽接後以石蠟膜包紮；(D) 接芽萌發。

第六節 自然變異枝分離與選拔以及與人工誘導變異之利用

1. 自然嵌鑲變異

變異個體的來源可分爲自然嵌鑲的自然變異與人工誘變。在 1960 年代以前，幾乎所有的商業品種都是 'Oak Leaf' 的衍生品種，其中包括自然結實與自然變異的後代。從 1960 年代開始有雜交育種後，到 1990 年代之 30 年間所有的品種，有 83% 來自芽條變異，僅 17% 是來自雜交育種。換言之，一個紅色的實生品種可以衍生出五種變異品種，其中最常見的突變爲黃（白）色、粉色，以及苞葉的中肋呈粉色、邊緣白色（marble）的嵌鑲變異株。原來在植物生長點分裂的內層（corpus）之外圍有三層外層（tunica layers），此三層的細胞分裂型態屬平周分裂。紅色聖誕紅的主要色素爲花青素（anthocyanin），當細胞發生突變，三層外層細胞皆不能形成花青素時，則苞葉呈黃（白）色；但若僅第一層表皮層的細胞不能形成花青素時，則苞葉呈粉色；若第一、第二層的細胞不能形成花青素時，則苞葉會呈現出邊緣白、中肋粉色的型式。

2. 人工誘變

(1) γ 射線誘變：將聖誕紅 '彼得之星' 的頂梢照射 25 Gy 之 γ 射線後扦插，經 4 週發根後將扦插苗移植於 3 寸盆中，3 週後再照第二次 25 Gy 的 γ 射線。植株在第二次照射後 2 週予以摘心處理，以促進側枝萌發。將發育的側枝繁殖成的營養系族群（M_1V_1），有 4.3-6.7% 的變異率。利用相同的方法處理 '自由'，M_1V_1 的變異率亦高達 7.3%。然而相同的方法用在 '里羅' 和四倍體的 '大禧'，卻毫無誘變效果。爲了提高誘變率，先將插穗的基部用鉛板遮蔽後再將 γ 射線照射的劑量提高到 50 Gy，扦插枝條仍有 92% 的存活率。爲了從照射處理的扦插苗獲得較多的側枝插穗，植株可以再噴施 Promalin（含 1.8% 甲苯胺和 1.8% 激勃素），以取得更多的插穗繁殖成 M_1V_1 族群。改良過的放射線處理技術，對 '彼得之星' 的 M_1V_1 族群中的變異率，可以提高到 18.7%，且苞葉不只變成中肋粉色邊緣（黃）白色的變率增加，還增加了粉色苞葉上有紅色噴點的苞葉型式（jingle type）。

(2)化學誘變：在前述去菌質體的莖頂培養中偶而會伴隨著一些癒傷組織，將癒傷組織繼續培養可以獲得體胚芽，體胚芽培養在含疊氮化納的培養基，會使再生的二次體胚產生變異，也可以獲得變異株（詳見本書第五章「組織培養在誘變育種的利用」）。所得到的變異株，其變異的特性包括：苞葉顏色、苞葉質地、形狀的改變，以及將花粉沒有活力的‘彼得之星’變異成有活性花粉的四倍體植株。圖 3-12 的植株具有硬挺的大苞片，可以作爲優良品種，但是因爲植株屬於‘彼得之星’的衍生品種，所以並未發表爲新品種，只留作爲開發四倍體品種的親本。

圖 3-12 ‘彼得之星’利用疊氮化納誘變得到的四倍體變異株‘閃亮之星’。

第七節 種間雜種之多倍體化及多倍體種間雜交品種之開發

也許是臺灣栽培者不了解栽培方法，種出品質很差的‘桃莉’聖誕紅，因此筆者第一次看到‘桃莉’種間雜交種，除了覺得有很亮麗的小苞片外，並不覺得此種間雜交種有前途。加上‘桃莉’的花器官不完整不能當育種親本，又無法取得雜交親本 *E. cornastra*，因此從未考慮進行聖誕紅的種間雜交。西元 2012 年 11 月在荷蘭 Hort Fair 會場上，看到 Suntory 公司展出的聖誕紅種間雜交種‘公主’系列的品種甚爲驚豔。可惜這些品種仍然是花器不完全不能雜交。回想起在將沒有花粉的種間雜交種的麒麟花‘粉仙子’利用秋水仙素誘變，獲得一些四倍體植株已經有恢復活力的花粉（詳見第六章麒麟花育種）。因此筆者在 2013 年重啓聖誕紅育種計畫。鑑於種間雜種的植株，其株形太小，如‘四季桃喜’與‘公主’系列的品種，不適於作爲大型的盆花；而多倍體化雜種的植株，其株形較大，並且也具有較大的苞片。因此育種計畫以開發多倍體化的種間雜種爲目標。除了想追上世界市場的育種水平外，也期待能超越國外的種苗公司，以其他聖誕紅近緣種爲親本開發新的種間雜種。

1. 種間雜種與品種之倍數體化

將蒐集的聖誕紅優良品種植株摘心，然後在已經摘心的枝條頂端的腋芽上，先放上小棉花球，並且在當天中午 12:00 和午夜 24:00 的兩個時間點，在棉花球滴入 2 ml 的秋水仙溶液，或也可以在腋芽上塗抹含有秋水仙素的羊毛脂膏劑。秋水仙藥劑無論是溶液或是羊毛脂膏劑，秋水仙素的濃度皆爲 1.0 或 2.0%。待腋芽萌發成枝條時，經流式細胞儀檢測若爲四倍體，再以扦插繁殖方法分離開原來的植株。檢測的方法：可以目測枝條的葉片，若葉片變得又短又寬，或葉片的葉尖形狀變成比較圓滑形，則枝條可能已經變異爲四倍體；更進一步，可以在顯微鏡下觀察氣孔是否變大了。氣孔觀察的方法敘述如下：先將所採樣葉片的葉片背面塗抹上指甲油，風乾後，將葉片浸在水中，再取下指甲油形成的薄膜，然後觀察。如果氣孔與保衛細胞變大了，則植株極可能是四倍體。最後利用流式細胞儀器檢測確認所分離的植株是否爲四倍體（圖 3-13）。

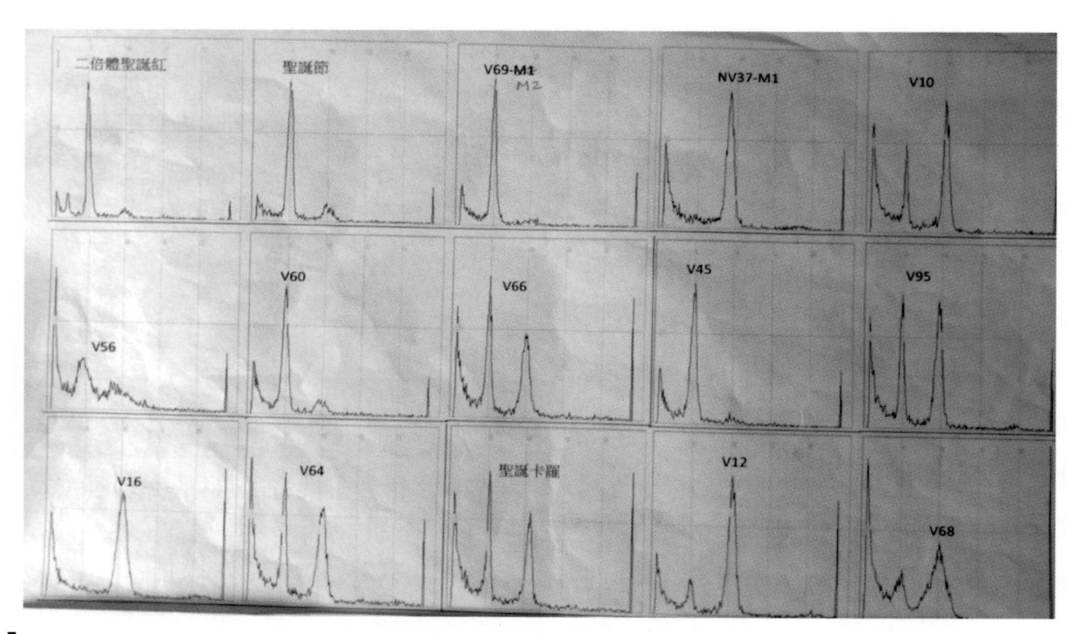

圖 3-13　利用流式細胞儀檢測聖誕紅四倍體變異圖中四倍體植株有 V16 與 NV37M1，二倍與四倍的混倍體植株有 V10、V66、V95、V64、V12、V68，以及‘聖誕卡羅’。

2. 種間雜種四倍體與四倍體品種的雜交

聖誕紅的四倍體植株（4n=56），其花粉活力比二倍體植株的花粉活力低。觀察四倍體植株的花粉，在減數分裂期或中期時，會發現許多單倍體、雙染體以及多染體。因此以四倍體植株爲親本，結果率低，而且雜交後代可能是二倍體、三倍體或四倍體。

以‘紅輝’四倍體植株爲母本，‘公主一深粉’爲父本，雜交授粉後一個月前後，摘下果皮轉黃而尚未落果的果實。果實表面經殺菌劑消毒後，取出未成熟種子。將未成熟種子縱剖，削去部分胚乳只留下中心 3 mm 厚（包含有未成熟胚芽）的部分種子爲培植體，然後將培植體平放在培養基上（培養基爲不含任何生長調節劑的 MS 培養基），並置於黑暗環境下培養。培植體生長後再置於 35μmol · s^{-1} · m^{-2} 光環境下培養。從比較成熟的果實取得的未成熟胚芽，可能發育成子葉很小的植株，但是大部分的培植體都長成癒傷組織（圖 3-14）。癒傷組織經多次繼代培養可以再生成體胚芽。繼代培養用的 MS 培養基若添加維生素 B_2（riboflavin），有助於癒傷組織再生體胚芽。體胚芽依照組織培養的程序培養並移出培養瓶外，育成開花株後進行初選（圖 3-15）。優選植株經過嫁接轉植入菌質體後，再次開花時進行營養系選拔，優良營養系經過試作與試銷評估後，即可命名和申請品種權。

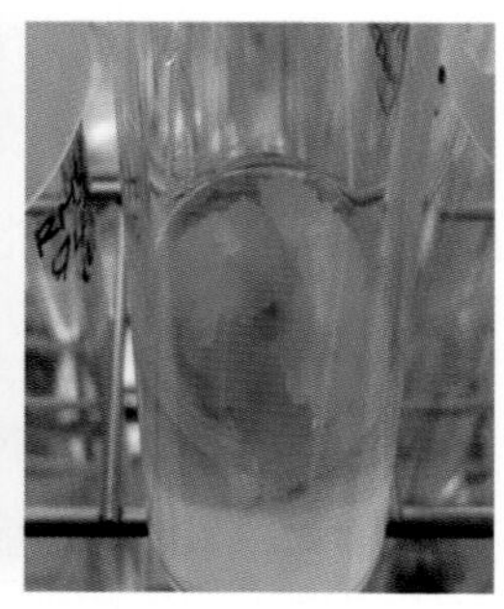

圖 3-14　未成熟胚芽，可能發育成子葉很小的植株（左圖），但是大部分的培植體都長成癒傷組織（右圖）。

圖 3-15　利用未成熟胚芽培養的四倍體種間雜交種，植株開花情形。

3. 大戟屬物種的種間雜交

大戟屬有 2000 種以上的物種。眾多的物種可再細分爲：北美大戟亞屬、乳漿大戟亞屬、大戟亞屬以及地錦亞屬。除了聖誕紅外，臺灣有栽培的地錦亞屬的物種還有猩猩草（*E.cyathophora*）、羽毛花（*E.fulgens*）以及白雪木（*E.leucocephala*）等。這些物種應該有潛力作爲開發新形態聖誕紅的育種材料。

以聖誕紅作爲母本，與猩猩草雜交不能得到果實；而猩猩草當作母本與聖誕紅雜交，猩猩草有僞受精生殖（apomix）的現象，所得到的子代植株都與母本相同。以聖誕紅'月光'作爲母本，與羽毛花雜交，果實在授粉四週後果皮開始黃化。將未成熟果摘下，取出未熟胚芽培養，再經過半年的癒傷組織培養，可以獲得胚芽。利用前述的培養方法，可以育成聖誕紅與羽毛花的種間雜交種（圖 3-16）。

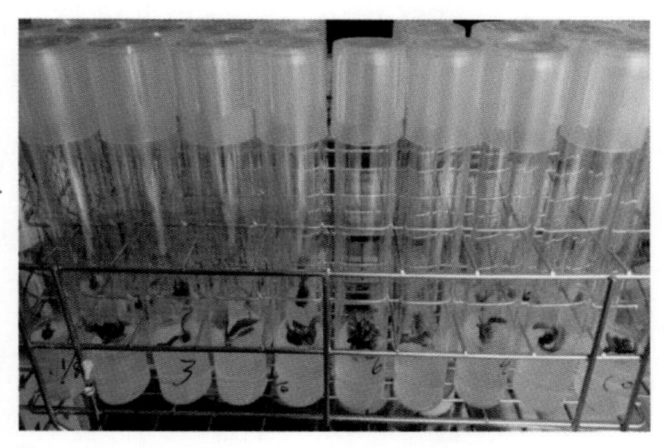

圖 3-16　聖誕紅'月光'× 羽毛花，未成熟胚芽，經癒傷組織培養再生植株。

另外近年來白雪木與羽毛花的市場有逐年增加的趨勢，但是白雪木只有一種白色，很值得利用種間雜交的方法，開發新的花色品種。因此利用黃花或紅花的羽毛花，與白雪木雜交，可惜經歷了三年，雜交的體胚芽培養尚未發育成正常植株（圖 3-17）。

圖 3-17　羽毛花 × 白雪木，未成熟胚芽培養形成癒傷組織，但經三年培養仍停留在體胚芽階段，尚未再生植株。

第八節　新品種選拔、品種權申請以及品種授權生產

筆者從事聖誕紅育種至今已經二十餘年，在臺灣已申請品種權保護的品種有‘坤紅’、‘黃祖’、‘月光’、‘白光輝’、‘嫦娥’以及‘紅輝’等六品種。在日本，也曾分別以「86-3」和「黃祖」的植株申請為‘中興1號’與‘中興2號’的品種權（圖3-18）。這是臺灣政府開發的品種首次在國外取得品種權證書，比起高雄區農業改良場的毛豆品種還早一個月取得品種權。其中‘黃祖’還曾預先在日本「花卉新聞」報紙上，以「黃河」的商品名刊登過廣告。很可惜遭遇日本聖誕紅市場急速萎縮，這兩品種未能在日本成功上市。不過這個失敗的案例後來卻開啓了臺灣與日本在朱槿育種產學合作的契機。

茲將有申請品種權的品種之特性介紹如下。

1.‘坤紅’：以‘自由’與「本地馴化種」（紅，品種名不詳）雜交，經播種後選拔之單株，經比較頂接多種栽培種後的營養系，最後選出頂接於‘彼得之星’之優良營養系。此品種苞片雖小，但每一大戟花序下有兩片苞片，外觀上有半重瓣花的形態，這是聖誕紅少見的性狀（圖3-19）。

2.‘黃祖’：以「本地馴化種」（紅，品種名不詳）與‘大禧’雜交選出之實生苗，次年與‘自由’等商業品種嫁接，最後選出已轉植入‘自由’的菌質體的營養系命名。此品種植株非常強健，花朵呈巨大三角形，是本品種主要特徵（圖3-20）。

3.‘白光輝’（照片見本書第五章「組織培養在誘變育種的利用」）

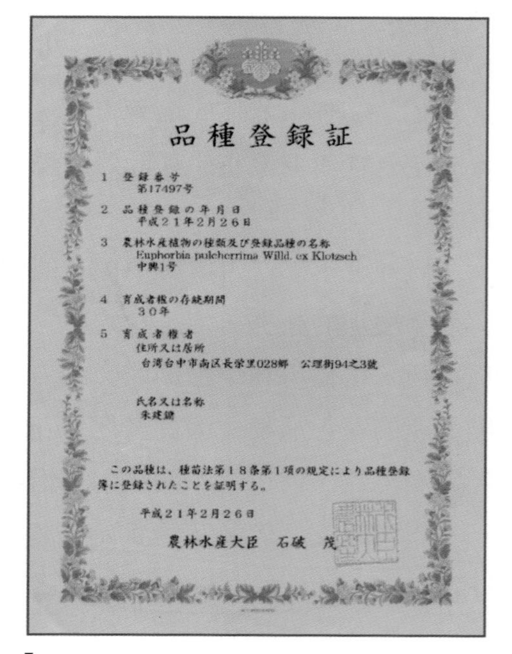
品種登録証

1 登録番号
第17497号

2 品種登録の年月日
平成21年2月26日

3 農林水産植物の種類及び登録品種の名称
Euphorbia pulcherrima Willd. ex Klotzsch
中興1号

4 育成者権の存続期間
30年

5 育成者権者
住所又は居所
台湾台中市南区長榮里028鄰　公理街94之3號

氏名又は名称
朱建鏞

この品種は、種苗法第18条第1項の規定により品種登録簿に登録されたことを証明する。

平成21年2月26日

農林水産大臣　石破　茂

圖 3-18　臺灣育成的作物品種第一張在日本取得品種權證書。

圖 3-19 聖誕紅‘紅坤’每一大戟花序有兩片苞片。

圖 3-20 聖誕紅‘黃祖’三角形花朵有巨大黃色苞片。

從‘光輝’莖頂培養逆分化的癒傷組織再分化的體胚芽苗中選拔苞片黃白色變異之單株，再以‘光輝’爲砧木，轉植入菌質體。此品種的特徵爲非常潔淨的白色，節間比‘光輝’更短，盆花栽培時，分枝性佳，且不必施用矮化劑，可惜爲晚生種。

4.‘月光’：由 ‘Ecke Elizabeth’ 與 ‘Lilo’ 雜交，經芽接於 ‘Freedom’ 植株上轉植入菌質體後選拔出的營養系。本品種在較低光度的環境下栽培時，苞片轉成薄荷綠的綠白色，華金剛株式會社曾擬在日本生產，可惜日本市場萎縮而作罷。在臺灣曾測試切花壽命超過兩週，可作爲切花。可惜找不到可以搭配的紅花切花品種（圖 3-21）。

5.‘嫦娥’：由 ‘Annette Hegg Dark Red’ 與 ‘Ecke Elizabeth’ 雜交，再以芽接方法嫁接於‘彼得之星’植株上，轉植入菌質體後選拔出之營養系。此品種是第一個苞片大但是不會下垂的白花品種（圖 3-22）。

6.‘紅輝’：由‘自由’自然授粉獲得。雖然苞片紅色亮度不如國外紅花品種，但是分枝性比‘自由’好，節間長度也較短，枝條細而硬挺，即使將盆花橫向上下擺動枝條也不會裂開。且抗溫室粉蝨、耐熱、可在低光度下栽培，對剛入行的栽培者而言，栽培成功率高，號稱對生產者最友善的品種，適於中小型盆花。上述六品種只有‘紅輝’授權陽昇園藝公司生產（圖 3-23）。

7.‘玫瑰紅星’：由‘紅輝’四倍體變異植株與‘公主—深粉’四倍體變異植株

雜交，將未成熟胚芽培養得到的植株。再利用嫁接於‘四季桃喜’植株上轉植入菌質體後，所選出的營養系。植株的葉片深綠色，具有大型深粉紅色的苞片，花朵呈三角形，適合作爲大型盆花（圖 3-24）。

圖 3-21　聖誕紅‘月光’苞片顏色如皎潔的月色，適於作為切花品種。

圖 3-22　聖誕紅‘嫦娥’花心緊密，有乳白色大苞片且苞片不會下垂。

圖 3-23　聖誕紅‘紅輝’枝條細而堅硬，不會從節撕裂開。抗粉蝨。

圖 3-24　‘玫瑰紅星’是四倍體種間雜交種。

8.‘雪中紅’：育種方法與‘玫瑰紅星’相同。植株的葉片深綠色，具有大型深粉紅色的苞片，花朵呈三角形，適合作為大型的盆花。一般紅色聖誕紅苞片轉色，是由綠色轉成紅色。本品種苞片轉色，是先綠色轉成白色，再轉成紅色。因此花朵剛開時，苞片下方還有一點白色的苞片，成為很好的色彩對比，很像雪地中的紅花（圖 3-25）。

圖 3-25 ‘雪中紅’是四倍體種間雜交種。

參考文獻

陸雅芬。2015。聖誕紅之多倍體化與種間雜交。國立中興大學園藝系碩士論文。95 頁。

康江漢。2000。聖誕紅實生苗性狀之相關性及嫁接對實生苗插穗營養系性狀之影響。國立中興大學園藝系碩士論文。145 頁。

傅仰人。2005。聖誕紅之γ射線誘變育種。國立中興大學園藝系博士論文。166 頁。

馮莉眞。2003。聖誕紅單節培養及經體胚之誘變育種。國立中興大學園藝系碩士論文。109 頁。

黃倉海。2002。聖誕紅實生苗選拔嫁接轉植菌質體及組培苗對稔實性之影響。國立中興大學園藝系碩士論文。104 頁。

楊梨玲。1998。聖誕紅實生育種之研究。國立中興大學園藝系碩士論文。100 頁。

趙玉眞。2000。聖誕紅之莖頂培養及體胚形成。國立中興大學園藝系碩士論文。104 頁。

致謝

本章之完成，首先要感謝楊梨玲同學發現聖誕紅有性生殖的溫度條件。康江漢同學證明實生苗嫁接不同品種上，接穗在嫁接後的形態各有不同。黃倉海同學以芽體嫁接方法取代枝條嫁接方法，提高聖誕紅的菌質體轉植入實生苗的效率。後來趙玉貞同學以莖頂培養和體胚芽培養方法得到許多沒有菌質體的聖誕紅，讓後來的聖誕紅雜交有更好的結種子率。馮莉貞同學改良體胚芽培養的方法，提高體胚成熟效率；同時配合化學藥劑誘導體胚芽變異。最後陸冠君同學完成四倍體種間雜交育種，做出臺灣第一株種間雜交四倍體的聖誕紅。由於同學們的貢獻，讓臺灣聖誕紅育種水準得以與世界同步。

CHAPTER 4

長壽花育種

長壽花（Kalanchoe）在植物分類學上是屬於燈籠草屬（*Kalanchoë*）的物種，爲多年生草本植物。燈籠草屬約有 140 種，多數物種原生於馬達加斯加島，在中國、東南亞以及臺灣等地區也有少數物種。長壽花在 1924 年才在馬達加斯加島被發現，而且至 1934 年 K. von Poellnitz 才將長壽花命名爲 *Kalanchoe blossfeldiana*。換言之，長壽花是二十世紀才有栽培的物種，雖然栽培期短，但由於容易管理、花期持久、花色豐富，廣受栽培者與消費者的喜愛，到如今已經成爲世界第二大盆花作物（僅次於蝴蝶蘭）。臺灣在 1965 年就已經將長壽花引進栽培，但直到二十一世紀初，自荷蘭 Fides 公司引進重辦長壽花才造成轟動，曾創下每年 50 萬盆盆花的高峰。在歐洲，根據西元 2014 年丹麥花卉產業 Floradania 的統計資料，丹麥的長壽花年銷售 4000 萬盆。又根據 2017 年花卉產業 Floraholland 的統計資料，荷蘭的長壽花年銷售量一億盆，總金額達 6900 萬歐元，年成長率達 3.6%。雖然目前蝴蝶蘭在世界盆花市場高居第一位，但已經有負成長的跡象。因此長壽花盆花仍然是值得投入開發的品項。加上近年來丹麥 Kund Jepsen A/S 又開發了切花壽命長達一個月以上的切花用長壽花品種，讓長壽花的未來更有遠景。

燈籠草屬物種可以再分類爲三節，分別爲 *Kitchingia* 節、落地生根節（*Bryophyllum*）、及長壽花（*Kalanchoe*）節。每一節的植物相互之間的形態差異很大。例如 *Kitchingia* 及落地生根節的物種，植株花朵的形態爲垂鐘形；而長壽花節植物的花朵則是向上開花。利用有垂鐘形花朵的植物與具向上開花的植物進行雜交，還可以產生開花形態屬於中間型的植株，因此可以發展出新花形之長壽花，當作盆花或切花。西元 2002 年荷蘭 Fides 公司開發花瓣數 24 至 36 瓣的重瓣花女神系列（Grandiva）後，丹麥 Kund Jepsen A/S 公司亦發表具 64 瓣花瓣之玫瑰花形系列（Roseflower）品種，顯示未來長壽花育種仍有極大發展空間。臺灣原生的燈籠草屬的物種有：鵝鑾鼻燈籠草（*Kalanchoe garambiensis* Kudo）、蘭嶼燈籠草（*Kalanchoe tashiroi* Yamamoto）、大還魂（*Kalanchoe gracilis* Hance）及倒吊蓮（*Kalanchoe spathulata* DC.）等 4 種，其中鵝鑾鼻燈籠草與蘭嶼燈籠草爲臺灣特有種，具有耐熱、植株矮、多分櫱的特性，加上早開花以及黃色的花瓣等都是歐洲長壽花所缺少的特性，應該將其利用於長壽花育種，發展出臺灣特有的品種。因此筆者從民國 90 年即已開始進行長壽花的雜交育種之工作，期能選育出具有特色並適於臺灣栽培環境的及優良品種。但是畢竟鵝鑾鼻燈籠草的血緣與歐洲的長壽花相差較遠，雜交成功率很低。直到以鵝鑾鼻燈籠草與白色大花的‘賽門’（‘Simone’）雜交育成了‘珍珠’，才開始以‘珍珠’爲親本與歐洲品種雜交以提高育種效率。利用‘珍珠’與重瓣品種‘海渥斯’（‘Hayworth’）雜交育成了‘桃花女’。‘珍珠’與‘桃花女’就成了鵝鑾鼻系列長壽花育種之主要親本。

在國際育種者聯盟的規範中，育種者是可以利用別人的品種進行雜交育種。但是在2006年丹麥的Kund Jepsen A/S在美國連續申請了許多植物專利，其內文聲稱：重瓣長壽花與同屬中的二十餘物種雜交之後代，若花瓣數大於5，皆屬於其育種專利範圍內。爲了避免長壽花的育種受到此植物專利的限縮，中興大學開始利用不在前述專利中所包括的燈籠草屬物種與重瓣長壽花進行雜交，開發新的長壽花品種。

中興大學開發的單瓣長壽花‘燈塔’和‘日出’的生產權利最早授權給穗耕種苗公司，可惜因爲生產地太熱，品種產生熱延遲現象，產品未能表現出早花的特性而未上市。後來育成重瓣長壽花‘桃花女’，並授權農友種苗公司生產。三年期滿後，再轉授權給陽昇園藝公司生產。後來又陸續授權‘百年慶’、‘鵝鑾鼻的黃金’以及‘光輝’等重瓣長壽花。由於盆花的品質足以與歐洲品種相媲美，陽昇園藝公司遂以產學合作方式投資長壽花育種，承接了中興大學長壽花育種的工作。這是臺灣花卉育種技術轉給生產者的第一個案例，讓生產者從繁殖種苗的層次提升到產業最高層次的品種開發。

長壽花之起源和發展

一、長壽花之起源

西元 1924 年，法國植物學家 H. P. Bâthie 在非洲馬達加斯加島海拔 2200 公尺高的山區和森林中發現長壽花，並採集植株栽種。原生於山區之長壽花，株形小且爲黃花；而原來長在森林中之植株，株形較大且開紅色花朵。前者命名爲

Kalanchoe globulifera var. *typica*，後者命名爲 *Kalanchoe globulifera* var. *coccinea*。其中後者有留傳並廣泛的被栽培。隨後幾年其標本或植株亦傳至法國、美國、歐洲等地區。西元 1932 年，德國種苗商 Rober Blossfeld 引進 *Kalanchoe globulifera* var. *coccinea* 植株，並以盆栽的產品型式生產。然而德國植物學家 K. Von Poellnitz 認爲 R. Blossfeld 種苗園中之長壽花與原來發現的長壽花性狀有明顯不同，因此將其重新命名爲 *Kalanchoe blossfeldiana*，而此學名則沿用至今成爲成長壽花的學名。

二、長壽花品種之發展史

西元 1930 年後，德國、瑞士以及美國相繼有園藝種苗公司投入長壽花的雜交育種，及變異枝條的選種工作。有以選拔特殊形態植株爲目標，也有以緊實的植株爲選拔目標。例如：Hahn 選出 ‘Christel Preuss’。Möhring 則以 ‘Christel Preuss’ 與 ‘Ernst Thiede’ 進行雜交而選育出 ‘Alfred Gräser’。瑞士育種家 Grob 則由 ‘Ernst Thiede’ 的實生後代中選拔獲得 ‘Gelber Liebling’。

在第二次大戰後，長壽花育種進展出現新的突破。在美國知名的品種有 ‘Tom Thumb’；又從 ‘Tom Thumb’ 變異中獲得 ‘Vulkan’。這些長壽花品種在選育過程中也會產生花色變異，例如由 ‘Tom Thumb’ 可產生具黃花的 ‘Yellow Tom Thumb’；‘Vulkan’ 則產生開黃色花朵及桔色花朵的變種。可見長壽花很容易得到不同花色的變異株。因此到 1948 年 Johnson 首先以 *K. tubiflora* 植株進行 X 射線誘導變異之試驗。在 1970 年代利用放射線處理誘導植物發生變異的育種技術已經純熟。Broertjes 及 Leffring 曾將長壽花新鮮摘下之葉片進行 X 射線照射，經葉插之後由葉柄產生的植株中可觀察到性狀之變異，從花色、花朵大小、開花反應日照時數、葉片大小、葉片形狀、花序型式等皆發生改變。發生變異的枝條多數爲完全變異個體。有些會從葉片邊緣長出體胚芽的物種，例如 *K. daigremontiana* 的葉片經放射線照射後，會改變成葉片邊緣不再形成體胚芽。一般而言，長壽花 X 射線照射適合劑量爲 1.5 至 2 Krad，γ 射線照射適合劑量則爲 3 至 4 Krad。這時期的長壽花還保持有結種的能力，因此種苗大多以種子繁殖。

長壽花種間雜交始於西元 1950 年代。例如 Möhring 首先利用長壽花 ‘Alfred

Gräser' 與 *K. flammea* 進行種間雜交，並選出裂葉的 'Leuchtfeuer'。另外德國育種家 Benary 亦使用相同親本進行種間雜交，並獲得葉片質地爲硬革質且裂葉的品種。由此可見長壽花的種間雜交或許不困難。由於部分種間雜交的後代植株有不能結種子的現象，因此以種子繁殖的方式逐漸被市場淘汰，取而代之的是扦插繁殖方法。

西元 1998 年之後，荷蘭育種公司首先利用具有重瓣花性狀的突變株進行育種。四年後，具 36 瓣的長壽花品種以「Calandiva®」系列名稱推出，轟動長壽花市場。之後丹麥 Kund Jepsen A/S 育種公司同樣推出重瓣長壽花「Queen®」系列，並申請數個品種命名。至 2004 年再推出具有 64 瓣的「Roseflower®」系列，此系列的品種花朵展開初期型態類似玫瑰花的花形。之後，Kund Jepsen A/S 公司大量進行種間雜交，將重瓣基因轉入其他燈籠草屬物種，並申請植物專利保護，以壓制其他種苗公司也利用種間雜交開發新品種的競爭。

第二節 影響燈籠草屬植物開花之因子

植物要進行相互雜交，必須讓親本能在同時間點開花。植物在適合生殖生長的環境下，莖生長點會從分化葉芽轉變爲分化花芽，稱爲花芽創始。接著依序分化花萼、花瓣、雄蕊、雌蕊。雌蕊分化完成後，花芽開始發育成花蕾。在自然環境下，每一物種開始花芽分化的時間點不同，花芽分化完成所需的時間也不相同。茲將影響燈籠草屬植物開花之因子分述如下：

一、光週期

大多數燈籠草屬物種開花對光週期的反應，屬於在每日的日長週期較短的環境下會開花的植物。但是大多數屬於 *Bryophyllum* 節之物種，在連續每日的日長週期較短或連續日長週期較長的環境下，植株都不會開花。只有從每日日長週期爲長日的環境轉換到日長週期爲短日的環境後才會開花。因此確定其光週期開花反應屬於長短日週期的植物。例如 *B. crenatum* 植株需要經過 20 個長日之後，再繼續經過 9 至 12 天日長較短的環境週期能誘導開花。而 *B. daigremontianum* 要達到開花的條件，至少需要 42-60 個長日週期後，再接續 15 天以上日長較短的環境下才能花芽分化。另外 *B. tubiflorum* 最少需要經 28 天長日，隨後以 16 天的短日長的處理，才能促使植株開花。燈籠草屬物種的開花光週期日長反應，爲典型的短日開花植物，臨界日長約爲 12 小時，例如原生於臺灣的鵝鑾鼻燈籠草（*Kalanchoe garambiensis*）、鵝鑾鼻燈籠草紫葉變種（*Kalanchoe garambiensis* var. Purple）以及倒吊蓮（*Kalanchoe spathulata*）等。但大部分長壽花商業品種的開花光週期反應之日照臨界時數爲 11.5 小時，即每日的日照時數少於 11.5 小時以上，植物才會開花。因此在自然環境下，原生於臺灣的鵝鑾鼻燈籠草等，比歐洲進口的品種早進入花芽分化。然而即使是花芽分化比較早的物種，也不一定會早開花。因爲每一物種的花芽分化所需的時間各不相同。因此我們先觀察鵝鑾鼻燈籠草的生長點，從營養生長到完成花芽分化的形態變化，作爲燈籠草屬物種的花芽分化模式，再按此花芽分化的模式，調查燈籠草屬物種或長壽花的花芽分化過程。

鵝鑾鼻燈籠草花芽分化過程可分爲六個時期。圖 4-1A 是營養生長期的莖生長點。接著是花芽分化各個時期的形態。1. 花芽創始期：頂端分生組織呈現平坦狀（圖 4-1B）。2. 苞葉分化期：頂端分生組織再度隆起，開始分化苞葉（圖 4-1C）。3. 萼片分化期：已形成花萼原體（圖 4-1D）。4. 花瓣分化期：在 4 個直角處形成花瓣原體（圖 4-1E）。5. 雄蕊分化期：有二輪雄蕊原體，先分化下層雄蕊，再分化上層雄蕊（圖 4-1F）。6. 雌蕊分化期：形成四叉之柱頭（圖 4-1G）。

鵝鑾鼻燈籠草、或紫色葉片的鵝鑾鼻燈籠草栽培在日長週期短的環境下，10 天後會進入花芽創始期，但鵝鑾鼻燈籠草分化至雌蕊期，還需在日長週期短的環境下栽培 50 天。而紫色葉片的鵝鑾鼻燈籠草栽培，栽培在日長週期短的環境下 45 天即已經達到雌蕊期。即紫色葉片的鵝鑾鼻燈籠草分化花瓣原體之後的生長速度較快。倒吊蓮栽培在日長週期短的環境下，5 天後即可進入花芽創始期，是所有物種最早進入花芽分化者，分化至雌蕊期只需再栽培 40 天。大還魂（*Kalanchoe gracilis*）栽培在日長週期短的環境下，3 週後才能進入花芽創始期，分化至雌蕊期需時 15 週。長壽花 ‘Tenorio’ 栽培在日長週期短的環境下 5 至 10 天可進入花芽創始期，但在往後的 15 天，生長點仍停留於花芽創始期，經栽培 20 天後才能繼續分

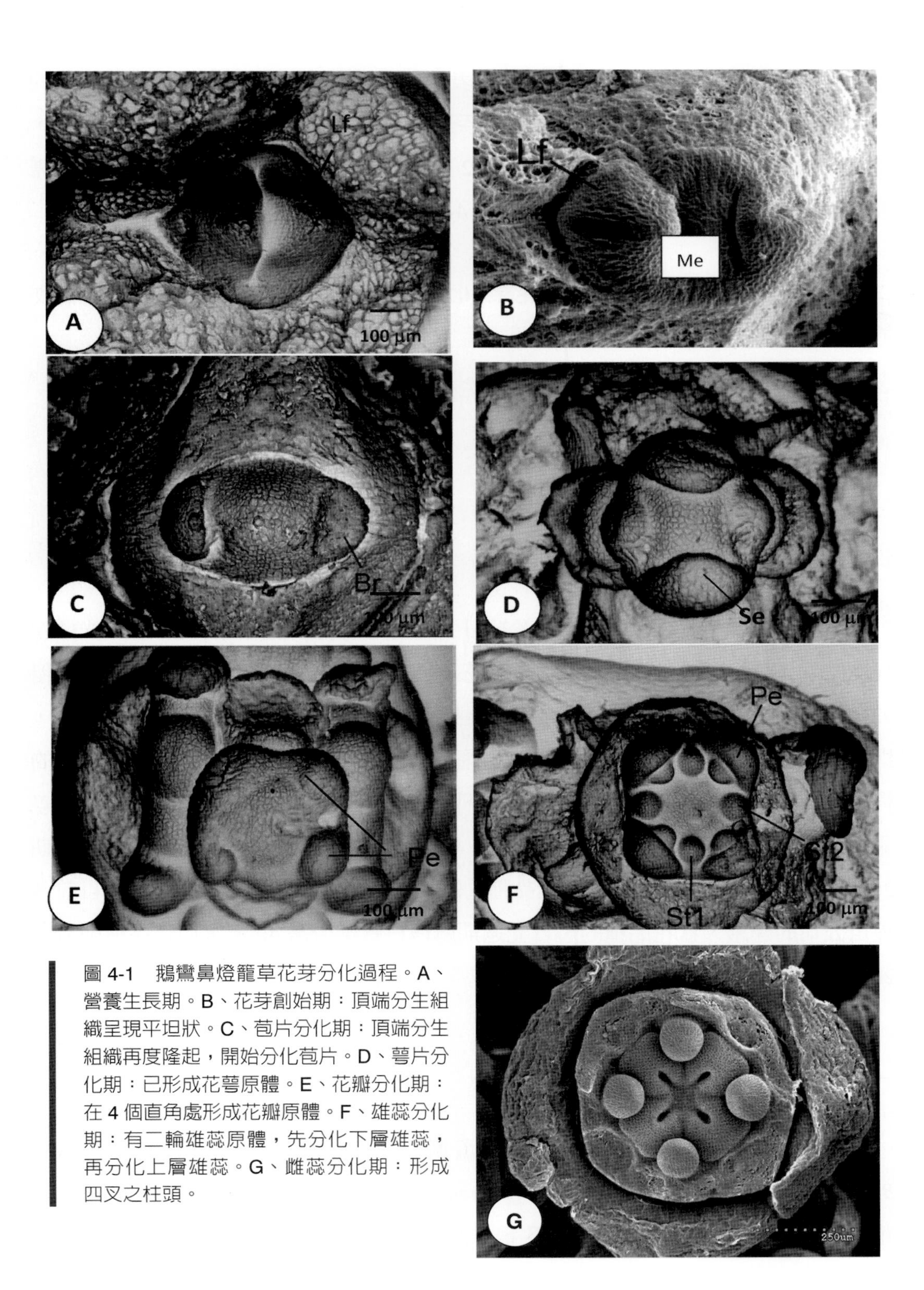

圖 4-1　鵝鑾鼻燈籠草花芽分化過程。A、營養生長期。B、花芽創始期：頂端分生組織呈現平坦狀。C、苞片分化期：頂端分生組織再度隆起，開始分化苞片。D、萼片分化期：已形成花萼原體。E、花瓣分化期：在 4 個直角處形成花瓣原體。F、雄蕊分化期：有二輪雄蕊原體，先分化下層雄蕊，再分化上層雄蕊。G、雌蕊分化期：形成四叉之柱頭。

化，再經栽培 50 天才能分化至雌蕊期（表 4-1）鵝鑾鼻燈籠草栽培在日長週期短的環境下，至少需 30 天，開花率才可以達到 100%。紫葉的鵝鑾鼻燈籠草或倒吊蓮，僅需栽培於栽培在日長週期短的環境下 20 天，即可完全開花。大還魂花芽分化需要栽培在日長週期短的環境下 63 天（表 4-1），時間最長。

表 4-1　不同物種或長壽花品種完成花芽分化各時期及達 100% 開花所需短日週期的日數

物種／品種	完成花芽分化	完成雌蕊分化	達 100% 開花
鵝鑾鼻燈籠草	15	50	30
紫葉鵝鑾鼻燈籠草	15	45	20
倒吊蓮	10	40	20
大還魂	35	105	63
Tenoerio	10	50	25
Kawi	15	35	20

又花序中的小花數會隨著栽培於短日光週期的環境（每日日照時數少於光週期反應的臨界時數）的日數增加而增多，花朵數之對數值與短日日數呈現正相關。但如果短日光週期處理的日數超過 14 天以上，則每天花朵數之增加率會逐漸下降，即呈現出 S 形的生長曲線圖。大多數品種經過短日光週期處理 2 週，即可有效的得到較多的小花數。但隨著品種更替，不同品種短日光週期處理的反應時間有所差異。例如 'Singapore' 經短日光週期處理 4 週，所形成的小花數比經過短日光週期 2 週者增加 60%。目前大多數商業品種的短日光週期處理需要 21-42 天，而目前各種苗公司的建議，盆花品種的短日光週期處理日數至少需 40 天，切花品種則需要 28-42 天的短日光週期處理。

二、溫度

除了光週期之外，溫度也是影響燈籠草屬植物開花的關鍵因素。大部分 *Bryophyllum* 節的植物，例如 *B. tubiflorum*，在長日週期且低溫的環境下並不會開花，僅栽培在日長週期較短的環境下才會開花。但是有些 *Bryophyllum* 節的植物栽培在日長週期較短的環境下，當夜溫過高時容易導致花蕾敗育（abortion）。例如 *B. daigremontianum* 栽培在日週期較短的環境下，日／夜溫度在 23℃/11℃或 23℃/15℃時，誘導植株開花的效果最好；但若在 25℃環境下，經 4 星期後則花芽誘導的作用完全被消除。又此物種在長日週期的環境下，也可以藉由降低溫度而誘導開花。然而從長日光週期處理轉移到短日光週期的環境下，比一直栽培在短日光週期的環境下，植株開花所需的時間較長。

長壽花適宜生長環境爲 18-24℃，若溫度低於 16℃，植株生長緩慢，易造成開花延遲；花芽分化最適當的溫度爲夜間溫度 21℃，而溫度超過 27℃時，則會抑制花芽分化，延遲開花或導致花序發育不全，甚至產生盲芽（blindness）的現象。但當夜間溫度由 21℃降至 10℃時，會使長壽花開花數減少 94%，而日／夜溫度 25℃／12℃時，長壽花的開花數也比 25℃恆溫處理減少 51%。但 *K. porphyrocalyx* 物種，其花朵爲垂鐘形，花芽分化最適宜溫度則是 13-14℃，且至少需栽培在日長週期較短的環境下 40-45 天，才能誘導植株開花；栽培於低溫環境的時間越長，則可以開花的側枝數會增多。雖然長壽花由於種間雜交的品種越來越多，各品種之間開花的適當條件差異越來越大。不過基本上只要是栽培於冷涼溫度（18-25℃）環境，且日長週期較短的環境，長壽花都可以正常開花。

三、幼年性

幼年性也是影響植物開花的因素。不同物種植株幼年期長短不一，例如 *B. crenatum* 的幼年期約爲 5 個月，*B. daigremontanum*、掌上珠、蝴蝶之舞、落地生根幼年期超過一年，*B. calycinum* 則需要 2 年，*B. proliferum* 幼年期爲 6 年。又因爲植物在不同環境下生長速率差異極大，因此有以葉片數作爲判斷植株是否成熟之依據，例如 *B. daigremontanum* 在生長 10 至 15 對葉片後才對光週期有生殖生長的反應。而 *B. calycinum* 則需要生長至 37 對葉片，植株才具開花能力。

植株年齡 3 個月的 *B. daigremontanum* 在日長週期短的環境下栽培，噴施 GA_3 可誘導開花。植株年齡 3 個月的落地生根植株需要噴施 50 mg/ℓ GA_3 才能誘導開花，但植株年齡 9 個月者，只需噴施 5 mg/ℓ GA_3 就能夠誘導開花。而且落地生根營養系植株只要施藥 1 次 GA_3 於枝條頂端的嫩葉，或成熟葉片都有明顯促進開花的效果。但在長日週期的環境下，噴施 GA_3 並無促進開花的效果。又以植株年齡 1 個月的掌上珠，栽培在日長週期短的環境下，再處理 5 mg/ℓ GA_3，植株 80 天後開花，即使由掌上珠的葉片邊緣所產生的小植株，經 GA_3 處理後同樣有促進開花之效果。

長壽花幼年期的長短依品種而異，有些實生苗生長至 4 片成熟葉片時，栽培於日長週期短的環境下即可開花；但有些品種發育至 7 至 8 片葉時，仍處於幼年性。以播種後的週數計算，有種子播種未達 10 週即可開花，顯示其幼年期低於 10 週，但是也有幼年期達 10 週以上甚至 14 週以上者。

又燈籠草屬植物的植株年齡越老，從短日光週期處理開始到植株開花所需的日數越短。例如在日長週期短的環境下，鵝鑾鼻燈籠草或紫葉鵝鑾鼻燈籠草，年齡 4 個月的植株比年齡 1 個月的植株提早 20 天開花。顯示植株年齡較老的燈籠草屬植物，光週期反應會趨向日長中性化。因此生產扦插枝條的長壽花植株，需要定期修剪，以維持植株的幼年性。否則有些植株年齡超過 1 年的植株，在 7 月分日長最長期間仍可見植株開花之情形。

第三節 燈籠草屬植物的染色體數與性狀遺傳

一、燈籠草屬植物的染色體數

燈籠草屬植物的染色體組的染色體數主要可分爲n＝17、18或20等三種基數；染色體數爲 34 條（2n ＝ 34）的物種有：*K. aleurodes*、*K.aliciae*、*K. aromatica*、*K. blossfeldiana*、*K. crenata*、*K. daigremontiana*、*K. fedtschenkoi*、*K. flammea*、*K. gastonis-bonnieri*、*K. globulifera*、*K. grandiflora*、*K.× Kewensis*、*K. laxiflora*、*K. longiflora*、*K. manginii*、*K. marmorata*、*K. miniata*、*K. prolifera*、*K. rotundifolia*、*K. scandens*、*K. sexangularis*、*K. subpeltata*、*K. teretifolia*、*K. tomentosa*、*K. velutina*、

K. waldheimi 等物種；染色體數爲 36 條（2n=36）的物種有 *K. bracteata*、*K. beharensis*、*K. hildebrandtii*、*Kitchingia mandraensis*、*Kitchingia peralta* 等物種。而染色體數爲 40 條（2n=40）的物種有 *K. pinnata*、*K. uniflora*、*K. pumila* 等物種。

燈籠草屬的植物雖爲同一物種但植株來源不同，其染色體可能不同，例如 *K. blossfeldiana* 由不同學者所取得植株之染色體數有 2n=34 或 2n=68；而同樣在 *K. flammea* 物種上也有相同情形。又燈籠草屬的植物常有 4 倍體（2n=68）及複二倍體的產生（2n=136）。例如由 4 倍體長壽花 'Tetra Vulcan' 葉片所繁殖的植株，發現再生的過程中，形成的植株染色體有倍加的現象，約有 80% 植株的染色體數爲多倍體，其中以 8 倍體的發生率最高，且 8 倍體植株生長正常，其形態與 4 倍體相似，只有 12 倍體及 16 倍體植株之葉片較 4 倍體植株的葉片小，且生長緩慢。另外植株給予缺水逆境後，再正常給水促進腋芽萌發，新發育的枝條常發現細胞染色體倍加的突變枝條。從這種變異枝條分離的新植株的發育比較正常；而經由秋水仙素誘導變異所得的變異植株，常發現有頂梢的生長點停止發育的異常現象。

由於長壽花品種多種間雜交，且常發生染色體倍加或有不整倍數體形成的現象，因此長壽花的染色體數有 2n=59、66、67、69、70、75、84、85、96、102 及大約 170 及 500 等染色體數的植株。不整倍數體植株產生的配子活力低，以這種品種爲親本，雜交後所得到的種子很少。因此進行雜交育種時，相同的雜交組合建議雜交的重複數在 500 以上。

二、燈籠草屬植物之性狀遺傳

種間雜交的子代植株之外表形，通常會介於兩親本的外表形之間。大多數長壽花的種間雜交其結果，也顯示雜交種植株的性狀會介於兩親本的外表形之間，有些性狀會比較近似於母本的形態特徵。從許多長壽花的種間雜交中比較親代與子代性狀的差異，多少可以了解長壽花性狀的遺傳，茲分述如下：

(一) 葉片形狀與葉片顏色的遺傳

燈籠草屬的植物有肥厚的葉片，形狀變化大，葉表面常有粉狀物或毛狀物，葉面上也常有斑點或斑紋，頗具觀賞價值，因此燈籠草植物在未開花時，也常被利用爲觀葉植物。不過長壽花很少以觀葉的目的當作育種目標。被利用爲觀葉植物的燈籠草屬的植物，大多爲原生物種及其自然變異的植株選拔出來的。

燈籠草屬的植株，葉片可分爲：裂葉、葉邊緣平滑形、葉邊緣鋸齒形三種形態。將裂葉的大還魂與葉緣爲淺鋸齒形的綠葉鵝鑾鼻燈籠草、或紫葉型的鵝鑾鼻燈籠草、或倒吊蓮（*K. sphaulata*）雜交，後代植株中，裂葉的植株與葉邊緣有鋸齒形的葉片的植株的比例爲 1：1。而綠葉、或紫葉的鵝鑾鼻燈籠草、或倒吊蓮分別自交，後代植株的葉片邊緣都屬於鋸齒形。由此可知：大還魂的裂葉性狀爲顯性的異質結合體；而綠色葉、或紫色葉的鵝鑾鼻燈籠草、或倒吊蓮，皆爲隱性的同質結合體。葉片邊緣爲平滑形的唐印與有鋸齒形葉片的紫葉型的鵝鑾鼻燈籠草、或豹紋燈籠草雜交，後代植株的葉片邊緣爲平滑形或鋸齒形。因此唐印的葉片邊緣平滑形爲顯性，唐印爲異質結合體。鋸齒形葉片相對於葉片邊緣平滑形的葉片是隱性。又具有巨大葉片的唐印與紫色葉片的鵝鑾鼻燈籠草、或豹紋燈籠草雜交，後代植株葉片大小表現，都介於雙親葉片大小之間（圖 4-2）。

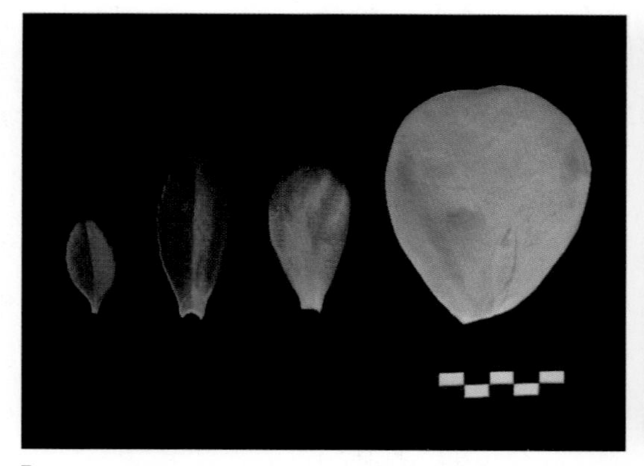

圖 4-2　唐印與紫葉的鵝鑾鼻燈籠草（左）或豹紋燈籠草（右）雜交，後代植株葉片之形態表現。相片中左邊葉片是紫葉的鵝鑾鼻燈籠草（左），或豹紋燈籠草（右）的葉片，最右邊是唐印的葉片。

另外具有與荷花葉片相同盾狀葉片的日蓮之盃（*K.nyikae*），與葉片形態爲平板形的長壽花‘桃花女’雜交，後代植株的葉片都是葉基有突起的葉耳，且雜交後代植株葉片大小的表現，也是介於其雙親之葉片大小（圖 4-3）。盾狀葉片並不能遺傳至雜交後代，推測此性狀可能屬於中間遺傳。

在紫色葉片的鵝鑾鼻燈籠草與紫色葉片的極樂鳥（*K. beauverdii*）進行雜交，也證實紫色葉片的極樂鳥爲一隱性的同質結合體。又淡紫色葉片的 *K. nyikae* 與綠葉的唐印或綠葉型的鵝鑾鼻燈籠草雜交，證實淡紫色葉片的日蓮之盃亦應爲隱性遺傳。又鵝鑾鼻燈籠草（*K.garambiensis*）在原生地的族群中，植株葉片是綠葉植株，但偶而會出現紫色葉的植株。將綠葉植株自交，發現有些植株後代全部爲綠葉。但有些植株的後代中，綠葉植株與紫色葉植株的比例爲 3：1。綠葉植株與紫色葉植株雜交的子代族群中，綠葉植株與紫色葉植株的比例爲 1：1。此結果顯示鵝鑾鼻燈籠草族群中植株葉片顏色的表現，是由一對的顯隱性基因所控制，綠色相對於紫色的表現，綠色爲顯性，紫色爲隱性。綠色植株的葉色基因爲同質結合（homozygous）的個體，但是也有異質結合（heterozygous）的個體。紫色葉片的植株在葉色基因都爲同質結合的個體。

圖 4-3　圖左為‘桃花女’的平板葉，圖右為日蓮之盃的盾狀葉，雜交後代的葉片基部有葉耳突起（圖中）。

異質結合的鵝鑾鼻燈籠草與綠葉的倒吊蓮（*K. spathulata*）雜交，其子代的葉色，綠色葉植株與紫色葉植株個體數相同。若紫色葉的鵝鑾鼻燈籠草與綠色葉的倒吊蓮雜交，則後代植株都是紫色葉。但是異質結合的鵝鑾鼻燈籠草與綠葉的大還魂（*K.gracilis*）雜交，其後代的葉色都爲綠色，若紫色葉的鵝鑾鼻燈籠草與綠葉的大還魂雜交，則子代植株都是紫色葉片。由此可見，同樣的葉色基因在不同物種的表現不同，也可能還有上位基因在控制葉色基因的表現。

燈籠草屬的物種，其葉片邊緣的褐色斑點遺傳上比較複雜。例如以長壽花‘海渥斯’與葉緣有斑點的落地生根（*K. pinnata*）雜交，後代植株的葉片邊緣都有斑點。但是以紫葉的鵝鑾鼻燈籠草分別與極樂鳥（*K.beauverdii*）或與掌上珠（*K. gastonis-bonnieri*）雜交，前者的後代植株，葉片上皆無斑點；但後者的後代中，植株葉緣有斑點的有 3 株，無斑點的有 51 株。

利用葉片具有能再生體胚芽能力的落地生根節物種爲花粉親，與長壽花節物種進行雜交，後代並沒有遺傳到落地生根由葉片邊緣再生體胚芽之特性。以鵝鑾鼻燈籠草與落地生根雜交，後代植株在葉片邊緣處不會再生體胚芽。由此可知，葉片再生體胚芽的能力，是由隱性基因所控制。另外如大還魂草的葉片缺刻深裂形，深裂形葉緣相對於淺裂形葉緣爲顯性，而且葉緣的形態亦由一對對偶基因所控制。

(二) 花序形狀與花朵形態的遺傳

1. 花序的遺傳

燈籠草屬物種的花序其著生的位置有頂生、腋生以及頂生與腋生三種類型。花序的形態則爲聚繖花序。可分爲二歧聚繖花序（dichasium cyme，圖 4-4 右）、蠍尾狀聚繖花序（scorpioid cyme，圖 4-4 左）以及聚繖圓錐花序等三種長壽花亞屬的植物其花朵開花的形態爲向上開花，理論上花序上的花朵數，隨著花序分枝數的增加會呈現 1、3、7、15、31、63、127……數列的方式增加，即可用 $2^{(n+1)}-1$ 的公式預估總花朵數，其中 n 爲花序的層級數。但是長壽花的花序經常在第 3 個二歧分叉點之後轉變成蠍尾狀聚繖花序（scorpioid cyme，圖 4-4 左），即轉變成無限花序，所以若植株高度達 25 至 30 cm 時，每一植株的花朵總數可達千朵以上，花期也長達四個月。

屬於 *Kitchingia* 和 *Bryophyllum* 節的植物，花序有二歧聚繖花序或蠍尾狀聚繖花序兩種。而花朵開花呈現垂鐘形，其花筒較長也較寬，花萼顏色較爲鮮豔，小花通常有泌液，例如掌上珠（*Kalanchoe gastonis-bonnieri*）、落地生根（*Kalanchoe pinnatum*）、蝴蝶之舞（*Kalanchoe fedtschenkoi*）、*K. porphyrocalyx* 等。落地生根的開花習性亦爲二歧聚繖花序，通常發育至第三級小花後小花停止分化（圖 4-4 右），或分化減緩。換言之，比較不易形成蠍尾狀聚繖花序，因此每一花序的小花數即明顯減少，因此觀賞期沒有其他具蠍尾狀花序的物種長，而掌上珠、蝴蝶之舞之花序形態則類似長壽花。

圖 4-4　燈籠草屬植物之花序模式圖。左：鵝鑾鼻燈籠草、大還魂、倒吊蓮、掌上珠、蝴蝶之舞。右：落地生根。

2. 花朵形態的性狀遺傳

在花朵性狀方面，*K. garambiensis* 與 *K. pinnata* 的雜交後代，花朵數量明顯比兩親本的花量多，具有雜種優勢之效果，且後代花型會有一些特殊的變化，例如：花萼反卷、花朵增大或變小等現象。另外在 *K. pinnata* 與長壽花節的 *K. blossfeldiana* 'Isabella' 或 *K. garambiensis* 雜交，其子代的開花特性趨向於長壽花節，即植株不需處理 GA_3 就能在當年開花，因此在日長反應上不屬於長短日植物，而是屬於短日植物。

由於落地生根節與長壽花節開花形態最大的差異之一是開放的方向，以落地生根節的 *K. pinnata*、*K. rebmannii* 及 *K. manginii* 'Wendy' 與長壽花節的 *K. blossfeldiana* 'Hayworth'、*K. blossfeldiana* 'Leonardo' 及 *K.* 'Peach Fairy' 雜交，在多數異節雜交的後代中，小花朵皆呈現向上開放，顯示開花向上型之性狀爲顯性，開花形態由一對對偶基因所控制。但是 *K. blossfeldiana* 'Hayworth' 與 *K.rebmannii* 或 *K. manginii* 'Wendy' 的雜交後代中有出現花朵完全朝下開放的子代。可見花朵開花方向的遺傳在不同雜交組合中表現不同，應該還有其他遺傳因子在控制。

長壽花常見的花藥顏色爲黃色及紫紅色，在 *K. garambiensis*×*K. manginii* ‘Wendy’、*K. garambiensis*×*K. pinnata*、*K. blossfeldiana* ‘Isabella’×*K. manginii* ‘Wendy’ 的雜交組合中，顯示紫紅色花藥相對於黃色花藥爲顯性，花藥顏色亦由一對對偶基因所控制。

3. 重瓣花的遺傳

花朵產生多花瓣是來自於花瓣複製或雌蕊、雄蕊花瓣化。丹麥 Kund Jepsen A/S 公司在重瓣長壽花種間雜交專利（美國專利 US 7453032 B2）中提到，長壽花重瓣花性狀是受單一顯性基因的控制。但是從下列的試驗結果，可以看出前述的專利敘述是值得質疑的。例如：將單瓣的長壽花自交、或與其他單瓣花品種雜交，其後代花朵都是單瓣花。將 15 個單瓣花的長壽花與重瓣花品種雜交，其後代植株中有 13 個雜交組合的子代族群中重瓣花植株與單瓣花植株之比值符合預估的 1：1 比值。有 2 雜交組合的子代族群中重瓣花植株與單瓣花植株之比值不符合預估的 1：1 比值。另外，將 7 品種（品系）的重瓣長壽花自交，有 5 品種（品系）的重瓣長壽花，其子代植株中重瓣植株與單瓣植株之比爲 9：7。雖然仍有 2 品種（品系）的重瓣長壽花，其子代植株中重瓣植株與單瓣植株之比值不符合 9：7 的比值，但是這些不符合預估值的子代族群，族群內的植株數都偏少。這是由於種間雜交很難獲得後代造成。因此我們依據大多數自交或雜交後代的遺傳表現，推測長壽花的重瓣花性狀是兩對顯性互補基因作用（complementary gene action）的結果。

另外將有標準花形的長壽花‘海渥斯’（圖 4-5）自交，獲得 61 株的子代族群，其中花瓣 4 瓣的有 34 株，花瓣 8 瓣的有 5 株，花瓣 12 瓣的有 9 株，花瓣 16 瓣的有 10 株，花瓣 20 瓣的有 2 株，另外有 1 株花瓣爲 24 瓣。若從‘海渥斯’自交後代選一株 12 瓣的子代植株再自交，則第二代 187 株子代族群中，單瓣植株

圖 4-5　長壽花‘海渥斯’的標準花形，每層 4 瓣，有 4 層共 16 瓣。

有 83 株，16 瓣有 52 株，花瓣最多有 92 瓣。重瓣花的花形有如荷蘭女神系列的‘海渥斯’重瓣花形（圖 4-5）；有丹麥玫瑰花系列的玫瑰花形（圖 4-6 左）；還有如穗狀花序般的長形花（圖 4-6 右）；以及畸形的花中花（圖 4-7）。因此重瓣長壽花的遺傳，還可能有修飾花瓣數的基因影響重瓣外表形的表現，且修飾重瓣花瓣數的基因爲多基因的遺傳。修飾基因越多花瓣數越多。例如：從花瓣 4 瓣的‘伊莎貝拉’與花瓣 16 瓣的‘海渥斯’（‘Hayworth’）正雜交或反雜交的結果推測，重瓣花之花瓣數至少有四種表型，四對以上的修飾對偶基因，分別爲 17-20 的 $M_1M_1M_2m_2$、13-16 瓣的 $M_1M_1m_2m_2$ 和 $M_1m_1M_2m_2$、9-12 瓣的 $M_1m_1m_2m_2$ 和 $m_1m_1M_2m_2$，以及 5-8 瓣的 $m_1m_1m_2m_2$。

圖 4-6　有標準花形的長壽花‘海渥斯’自交後產生玫瑰花花型 (左) 和穗狀花型 (右) 兩種長壽花的新花型。

圖 4-7　‘海渥斯’自交，產生花形畸形的花中花。

第四節 長壽花的育種方法

長壽花的育種法有自然枝條變異之選種、誘導產生變異株以及雜交育種。在雜交育種上，由於燈籠草屬植物具有廣大的遺傳差異性，且遺傳質資源較廣，使得植物育種家能使用野生種得到進一步改良的盆花及切花種類。

一、自然變異之選種

長壽花枝條在自然環境下會有突變之發生，現今有許多商業品種皆是由枝條變異而來，例如 'Kawi' 來自於 'Kerinci' 的枝條變異，'Brava' 是 'Bromo' 的枝條變異，'Bess' 是一具有蕾絲邊花瓣的品種，其來自於 'Chillan' 的枝條變異。另 *Bryophyllum* 亞屬也有枝條變異之發生，如 'Mariko' 是由 'Shinano' 芽條變異所產生。本研究室也曾從 'Tenorio' 之枝條變異中選育出斑葉的 'Gimi' 品種。

二、誘導突變之育種方法

長壽花早在 1948 年就有學者利用 X 射線進行突變育種之試驗。到 1970 年代，放射線育種技術更為成熟後，也有學者利用長壽花摘下之葉片照射 X 射線，再經葉扦插之後，由葉柄產生的突變植株中，可觀察到葉片形態和生長習性以及開花日長反應時數、花序型式、花色、花朵大小的變異，且大多數突變株都不是鑲嵌體植株，很有可能大部分的突變株都源自單一突變的細胞發生。一般而言，長壽花 X 射線照射適合劑量為 1.5 至 2 Krad，γ 射線照射適合劑量則為 3 至 4 Krad。

在組織培養的培養基中添加疊氮化鈉，或以無菌培養中的葉片先浸泡疊氮化鈉，再進行再生培養，很容易可以獲得無鑲嵌的變異植株。再生的突變植株中，有染色體變成多倍體的植株，也有花色變異的植株。

三、雜交育種方法

目前市售的商業品種大都來自於原生種 *K. blossfeldiana* 與 *K. flammea* 以及 *K. pumilia* 雜交而得。由於早期的育種工作已經有種間雜交，因此雜交種的遺傳性狀已非常複雜，即使單就品種之間的雜交，亦能選育出具優良性狀之後代。目前桃園改良場由種間雜交育種，可產生不同花色之後代，部分雜交種亦有噴點花瓣的產生。新盆花類型將源自於花朵向上開的品種與花朵向下開的鐘形花朵的物種（*Kichingia* 節或落地生根節），經由種間雜交，可以發展成新型的盆花或切花。尤其這些原生物種可能具有極強的適應性與抗逆境能力（如抗病蟲、抗寒、抗旱、耐貧瘠、高鹽鹼度等），或是含有栽培種所不具有的其他特性。

長壽花之育種技術

一、育種計畫

長壽花是低維護的盆花，因此是有市場競爭力的品種，基本上應具備一般盆花的特性，例如：容易栽培、植株矮、多分枝、多花且開花整齊。而長壽花未來的流行趨勢則是：大花、早生以及新奇的特性。最早的長壽花的花徑小於 1 cm，是盆栽花卉用途的作物，其花與葉的比例而言，長壽花的花徑有必要再增大。由於重瓣花的變異，目前的重瓣花的花徑已經可達 2 cm，但是大多數品種花朵直徑仍小於 1.5 cm。因此選取燈籠草屬的物種中，花朵較大的物種作爲育種親本。由於 *Kichingia* 節或落地生根節的物種雖然花朵向下開，但是花瓣都比燈籠草節的物種的花瓣大，例如：落地生根、或極樂鳥花等都是種間雜交的好材料。

重瓣長壽花的重瓣特性附帶大花的特性，但是也造成晚開花的特性，也就是短日後到開花的週數變長了，從原來的 8 週延長到 12 週或更長。即原來單瓣的長壽花可以在 11 月中旬開花，但是現在的重瓣長壽花花期延至 12-1 月。栽培期長會增加生產成本，並不利於生產者，因此本章所介紹的育種方法爲：利用臺灣原生燈籠草屬的特有物種，開發早開花的矮性重瓣長壽花；以及針對丹麥重瓣花育種專利布局的育種，即利用未曾被利用作爲重瓣花的物種開發新奇特性且大花的切花用重瓣長壽花。

另外切花用長壽花育種也是被看好的育種項目。目前切花用長壽花是將盆花用的品種在長日光週期的環境下栽培久一點，讓莖的長度達到一定高度後，再改變爲短日光週期的環境讓長壽花能夠在日長週期較短的環境開花。這種方法栽培期長、成本高。在燈籠草屬的物種中，有些物種開花前莖部會先抽長再花芽分化，這種物種的花莖長度比花莖不會抽長的長壽花長很多，很適於切花用途。唯獨開花會先抽長花莖的物種，其花朵開花時，花朵下垂不利於觀賞，且都是單瓣花，需利用重瓣長壽花之雜交方法改良。

二、育種親本

包括原生物種和商業品種兩部分；前者主要是原生於臺灣的物種，以及尚未被利用於長壽花育種的物種。後者主要有‘海渥斯’、‘桃花女’以及‘珍珠’。另外若國外有特殊性狀的新品種上市，也會蒐集作爲育種親本。茲將重要親本的特性簡述如下：

1. 鵝鑾鼻燈籠草（*Kalanchoe garambiensis* Kudo）最早是由日本人工藤祐舜與森邦彥於 1930 年所發現。本物種有肉質對生的葉片，且幾乎無葉柄。葉片邊緣全緣、或有鋸齒，長 2-8 cm，葉片形狀呈橢圓形或倒卵形（圖 4-8 左上）。分布於鵝鑾鼻離岸地區，爲臺灣特有種植物。陳玉峰教授指出：鵝鑾鼻燈籠草屬於海岸植物群落（littoral plant community），生育地橫跨珊瑚礁岩以及壤土，其性好強光，且耐旱，亦可生存於遮蔭之地，時而群生且量多；生存於珊瑚礁塊上的個體，其體型較小；而生長於壤土上的個體，體型較大，也有可能爲另一分類族群。

2. 鵝鑾鼻燈籠草紫葉變種（*Kalanchoe garambiensis* var. Purple）生態特性類似鵝鑾鼻燈籠草，但爲紫色葉片，花期較鵝鑾鼻燈籠草早（圖 4-8 右上）。可能是鵝鑾鼻燈籠草的變種。在自然棲息地的鵝鑾鼻燈籠草族群中，偶而會出現紫葉植株。

3. 倒吊蓮（*Kalanchoe spathulata*）又名：匙葉伽藍菜、或肉質伽藍菜。葉長 3-20 cm，單葉爲長匙型，葉緣爲鈍鋸齒形。花瓣黃色，瓣端銳尖，花筒長度約 1.5-

鵝鑾鼻燈籠草

鵝鑾鼻燈籠草紫葉變種

倒吊蓮

落地生根

圖 4-8　臺灣原生的燈籠草屬物種植株形態。

2 cm，開花期早，約在 11 月上旬。分布地區從西藏、印度向東延伸至東南亞，福建、廣東、臺灣、菲律賓之中低海拔陽光充足處（圖 4-8 左下）

4. 落地生根（*Kalanchoe pinnatum* Pers. *syn. Bryophullum pinnatum*）：又名燈籠花。最上端葉片爲羽狀，較低處爲單葉，花朵下垂性，圓筒形，2.5-3.5 cm 長，花爲紫綠色，花萼爲綠白色。分布於熱帶非洲之海邊及低地岩石地，在臺灣屬歸化種（圖 4-8 右下）。

5. 長壽花‘海渥斯’（‘Hayworth’）是荷蘭 Fides 公司推出的重瓣長壽花「女神系列」其中的一個品種。株高高，展幅中等，分枝數少，開花枝數中等。葉片橢圓形，葉長度、寬度中等，葉面顏色綠色，葉背顏色綠色，葉鋸齒狀淺缺刻，葉尖鈍頭狀向內翻。重瓣花，整株小花數少，小花徑小，花瓣長度短，寬度中等，花瓣正面橘紅色。

6. 長壽花‘珍珠’是中興大學以‘Simon’爲母本，鵝鑾鼻燈籠草爲花粉親，育成的品系。此品種的植株高度矮，樹冠展幅的寬度中等大小，分枝數多，開花枝數多。葉片橢圓形，葉長度長、寬度中等，葉面顏色綠色，葉背面顏色綠色，葉片邊緣爲雙重鈍鋸齒形，鋸齒深度淺，葉尖爲鈍頭形。花爲單瓣花，全株的花朵數多，花朵直徑小，花朵白色。鵝鑾鼻燈籠草與歐洲的長壽花品種雜交，很難獲得子代。而且大部分子代植株不強健，因此‘珍珠’爾後就成了重要的育種親本。加上臺灣的花卉市場白花品種不受歡迎，因此‘珍珠’只留作育種親本（圖 4-9）。‘桃花女’就是以‘珍珠’爲母本開發出來的品種。

7. 長壽花‘桃花女’是中興大學以‘珍珠’爲母本，‘海渥斯’爲父本，育成的第一個重瓣花品種。此品種植株高度中等，樹冠的展幅中等，分枝數多，開花枝數多。葉片橢圓形，葉長度長、寬度中等，葉面顏色綠色，葉背面顏色綠色，葉片邊緣爲雙鈍鋸齒狀，鋸齒深度淺，葉尖鈍頭狀。花爲重瓣花，全株的花朵數多，花朵徑中等，花瓣長度短，寬度寬，花瓣正面粉色，花瓣背面粉色，每年花期在 12 月中旬（圖 4-10），是重瓣長壽花育種的優良親本。

圖 4-9　長壽花‘珍珠’是育種的優良母本，沒有販售。

圖 4-10　中興大學育成的第一個長壽花重瓣品種‘桃花女’。

三、親本稔實性及親合力檢定

鵝鑾鼻燈籠草、鵝鑾鼻燈籠草紫葉變種、倒吊蓮、大還魂或落地生根等物種之花粉發芽率皆在 50% 以上，花粉對滲透調節的能力較強，花粉培養基之蔗糖濃度可介於 5 至 10%，長壽花 'Isabella'、'Klabat' 等品種花粉發芽率則在 30 至 40% 之間，以 25℃恆溫環境下之花粉發芽率爲最佳，在 15℃的低溫或 40℃的高溫下，長壽花之花粉仍有活力，顯示長壽花花粉對溫度適應性較廣。在進行雜交時，正反交之結種率差異懸殊，例如以長壽花 'Isabella' 爲母本，而鵝鑾鼻燈籠草爲父本，授粉後 2 天，觀察到花柱中的花粉管呈現分叉、平板狀等畸形之現象，甚至花粉管在珠孔附近有彎曲之情形。顯示此作物雜交時具有單邊雜交不親和的特性，此不親和性則發生於雌蕊當中。由實際雜交數據證實，以鵝鑾鼻燈籠草爲母本，而 'Isabella' 爲父本所得的結種率是反交時的 5 倍。

四、長壽花的花期調節

長壽花對每日的日長週期的開花反應，屬於絕對短日植物，因此可藉由調整栽培環境的日光週期進行花期調節。落地生根節的物種屬於長短日植物，開花反應除了受光週期影響之外，另一影響開花的因素則爲幼年性。幼年性會延長育種年限，使育種結果延宕。

長短日植物與長壽花短日植物的自然花期不一致，導致雜交作業上的困擾。爲使落地生根節之育種親本能與長壽花節的物種在同時間點開花，噴施激勃素（gibberellin acid）爲一方便且有效的方法。以臺中地區爲例，鵝鑾鼻燈籠草的開花期約在 11 月的中、下旬，鵝鑾鼻燈籠草的紫葉變種及倒吊蓮的開花期在 11 月上、中旬，大還魂的開花期最晚，約在 1 月下旬開花。而臺灣目前長壽花商業品種大多數的開花反應的短日反應週數爲 8 至 11 週，即開花期在 12 月分。在進行長壽花種內雜交或種間雜交時，有部分物種或品種開花期較早，可以在短日期間，半夜以人工照明的方法，即至少以光度 100 lux 於每日夜間 10 點至凌晨 2 點進行人工照明，使早開花的植株延後開花。另掌上珠、落地生根等開花反應爲長短日植物，需在進入 9 月分即立刻噴施 5 ppm GA_3，植株即可於當年 12 月分開花。例如：掌上珠、或落地生根在施用 GA_3 後的 2.5 或 4 個月即可開花。因此可以與其他在短日環境開花的物種或品種同一期間開花，並進行雜交育種。其他物種例如：*K. luciae*、*K. marmorata* 以及 *K. gastonis- bonnieri*，噴施 GA_3 25 ppm 以上時，促進植株的開花率皆可達100%的效果，但噴施 GA_3 對促進 *K. rebmannii* 的開花則沒有影響。另 *K. marnieriana* 及 *K. nyikae* 以 20 ppm GA_3 進行噴佈處理，植株開花率可達到 100%；而 *K. sexangularis* 僅以2.5 ppm GA_3 進行處理，即可使植株開花率達 100%（表4-2）。

表 4-2　GA_3 對落地生根節物種誘導開花之有效濃度

物種	GA_3（mg / L）
K. pinnata	25
K. gastonis-bonnieri	25
K. luciae	25
K. marmorata	25
K. marnieriana	20
K. nyikae	20
K. sexangularis	2.5

五、授粉技術

鵝鑾鼻燈籠草、鵝鑾鼻燈籠草紫葉變種、倒吊蓮或大還魂等在開花前 1 天，柱頭上已可見些許泌液產生，於小花開放當天，花冠內下層花藥即已開裂，但亦有上層花藥先開裂者，隨著開花天數的增加，花藥會全數開裂，泌液亦大量累積於柱頭上，於開花後 4 天花柱即會明顯的伸長並與花藥接觸（圖 4-11）。另長壽花商業品種 'Isabella' 之授粉行爲則在開花後 1 天，雌蕊長度明顯增加，且柱頭分叉會逐漸明顯，在小花開放後 2 天，亦可觀察到柱頭上有大量泌液的累積，並且沾滿花粉，顯示長壽花的雌蕊在開花數日後將伸長與花藥接觸。然而長壽花不同品種開花時，柱頭產生泌液的時間有所差異，有些品種在 3 至 5 天後才有大量泌液的產生（圖 4-11）。整體而言，商業品種泌液產生的時間較原生種晚。重瓣花又比單瓣花泌液

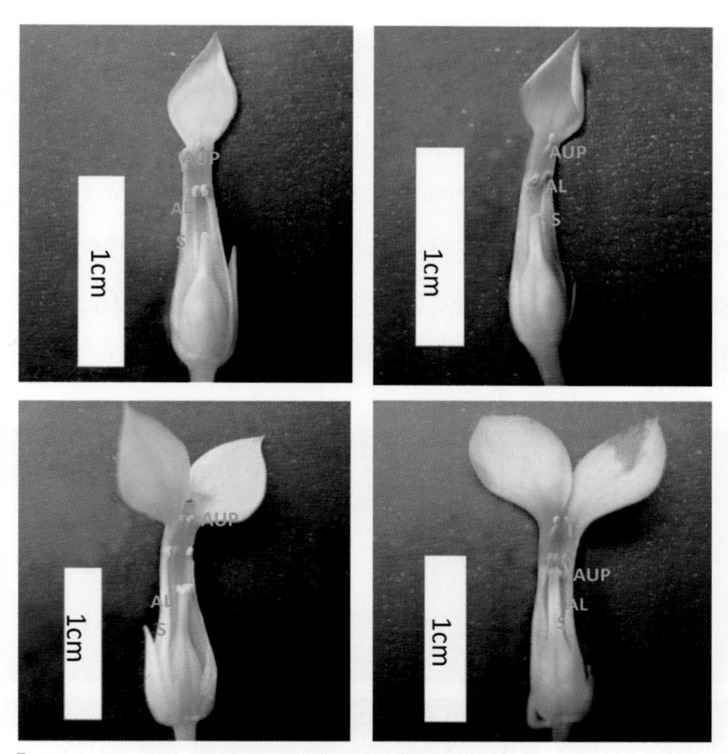

圖 4-11　鵝鑾鼻燈籠草花朵開放後雌蕊伸長的情形。(A) 花朵開放當天，花藥已開裂。(B) 開花後 1 天，花柱伸長。(C) 開花後 2 天，柱頭上出現泌液。(D) 開花後 4 天，柱頭接觸花藥。AUP：上輪花藥；AL：下輪花藥；S：柱頭。

產生的時間晚。就長壽花花器形態而言，花筒爲上窄下寬，柱頭與花藥會相互接觸，因此長壽花授粉方式屬於自花授粉的植物。

長壽花在授粉時，首先需進行去除雄蕊的工作（圖 4-12）。由於長壽花的花絲生長於花瓣上，因此利用鑷子將花瓣由小花上小心的剝除，即可完成去除雄蕊的工作。通常選擇開花前一天之小花，進行去除雄蕊的作業。去除雄蕊後的小花，

圖 4-12　長壽花‘珍珠’授粉前 1 天（花藥開裂花柱未伸長）進行去除雄蕊的作業。

隨即套上上方開口封閉的塑膠吸管，以避免汙染。待柱頭上大量分泌黏液時（圖 4-13），取下當天花藥裂開之花藥，將柱頭上塗滿花粉。由於長壽花每一小花之花粉數量極多，通常數朵小花的花粉即已足夠進行授粉工作。又同一朵花連續 2 天進行相同的授粉工作，可以提高果實中的種子數。但是重瓣花，尤其是雄蕊花瓣化的重瓣花每朵花的花藥數比較少，花藥中的花粉量也少，雜交授粉需要多朵花才能完成一朵花的授粉工作。長壽花的種間雜交後結的種籽很少，因此建議：進行種間雜交時，相同的雜交組合至少需授粉 500 朵花，才能有結果。

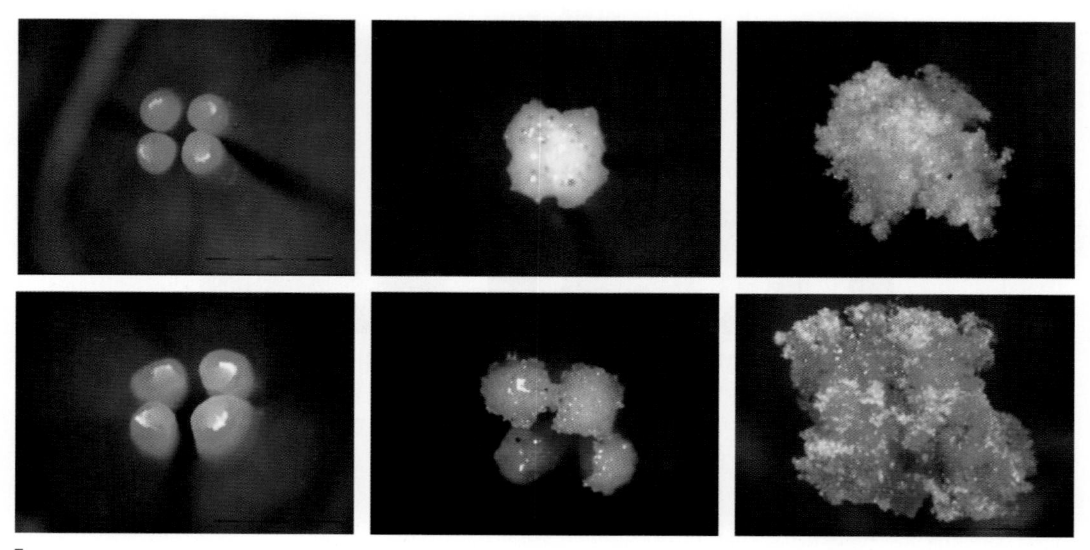

圖 4-13　長壽花‘珍珠’（上排），與‘海渥斯’（下排）柱頭授粉的適當時機。圖左：尚未分泌黏液，不能授粉。圖中：柱頭布滿分泌物，是授粉的適當時機。圖右：分泌物變質，授粉不能結果。

授粉後記錄雜交親本即完成授粉工作。授粉後 3 天即可以取下吸管。若受精成功，2 週後即可見果實開始膨大（圖 4-14）。雌親在授粉後可將花序中未授粉的小花剪除，以減少養分的浪費。若雜交授粉一直未能獲得果實，或許可以考慮利用截除花柱的方法，以解決雜交不親和性的障礙。在果實發育期間容易有粉介殼蟲或蚜蟲之危害，若蟲害發生時，即需立即防治蟲害。授粉工作在 11-2 月間進行，授粉最佳溫度為 25℃，因此選擇晴朗天氣，避免溫度過高或寒流季節，通常 11-12 月底前授粉為佳，1 月後寒流低溫期較長，雜交授粉成功率低。

圖 4-14　長壽花授粉 14 天後若有受精果實會膨大（左），圖右為未受精的果實。

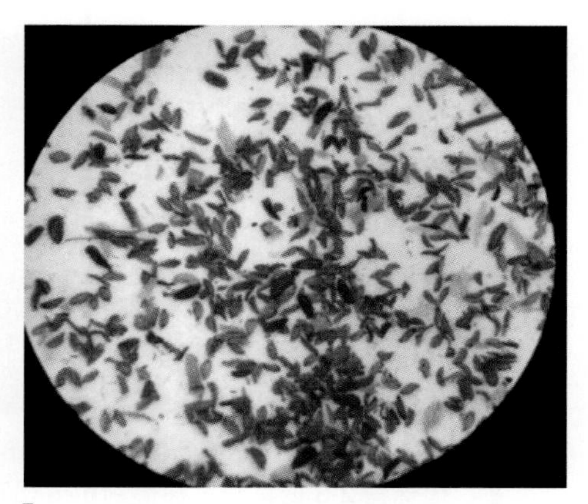

圖 4-15　長壽花種子細小，結種率低時，需利用顯微鏡選出少數的成熟種子（深褐色較大的種子）。

六、採種與播種技術

長壽花授粉至果實成熟至少需 2 至 3 個月的時間，成熟時間依不同雜交組合而有不同；以花朵開花向上開之物種或品種爲母本之雜交組合，其果實成熟期約需 2 個月；以垂鐘形花朵的品種爲母本者，則果實需 3 個月才能成熟。果實成熟若未即時採收，種子容易由骨葖果之裂縫中彈開，則收不到種子。長壽花之種子極爲細小，千粒種子之重量僅 0.02-0.03 克，因此雜交後所結的種子很少的雜交組合，常需在顯微鏡下挑出成熟的種子（圖 4-15），而不用風選法精製種子。

每年 4 至 5 月將精製過的種子播種於淺育苗盤中。由於長壽花種子發芽需在光環境下才能發芽，因此播種後不能覆土。種子發芽最適合的溫度爲 20 至 25℃。播種介質用排水良好的介質，例如細沙、或播種專用的商用介質。播種後的育苗盤移置於自動噴霧床上，或用底部吸水方法供水，切勿以灑水器澆水，容易導致種子流失，或導致種子埋入介質中而不發芽。種子在播種 5 至 20 天後發芽，發芽時間之長短視雜交組合而定。實生幼苗初期生長非常緩慢，經 6-8 週後將生長 2-3 對本葉的實生苗移植至 128 格的穴盤中，再經 6-8 周後才將實生苗種植至 3 吋盆栽培，並開始進行選拔（圖 4-16）。

圖 4-16　長壽花育苗。左：播種後不能覆土，且用底部吸水或噴霧供水。中：經 6-8 週，植株有 2-3 對葉時，移植到 128 格穴盤。右：再經 6-8 週，植株有 5 對葉時，種植於 3 吋花盆。

七、子代評估

1. 實生苗選拔

長壽花由播種至開花約需 6 至 10 個月，植株在營養生長期間就應該開始淘汰植株，以降低管理大量植株的成本。首先是穴格苗移植到 3 吋盆前，若穴格苗有嚴重病徵，或生長衰弱的植株，都應即時淘汰。種植於 3 吋花盆後，仍需定期淘汰罹病株、發育不良的植株、或株形矮又沒有分枝的植株（圖 4-17）。

圖 4-17　長壽花在營養生長期間定期淘汰發育不良的植株。圖右兩端盤上的植株需淘汰。

進入開花期後，先開花而且植株形態合乎育種目標者優先選出，並放置於特別區，做更進一步的觀察（圖 4-18）。另一方面，若側枝開花不整齊、花朵直徑小或花色混濁不鮮明者，仍進行定期淘汰。最後到 1 月 31 日尚未開花的植株全部淘汰。

圖 4-18　植株開始開花，將早花且性狀優良植株隨時挑出放置於特別區（左上作業員之前）。

圖 4-19　將同色系的優良植株排列一起，進行第二次選拔。

選出來在特別區的植株，依照花色將同花色排列在一起，然後進行第二次選拔（圖 4-19）。若相同色系的植株多，則需淘汰部分植株。原則上每一色系的植株數相差不能太多；而且優良植株的總量，約爲計劃育成品種的兩倍量。即進入下階段營養系選拔，將會再淘汰一半的植株。

2. 營養系選拔

將選出的優良單株之開花枝條剪除一半，然後將植株移到光週期爲長日的環境下栽培，使植株再度轉回營養生長狀態。待新生側枝有 5 對葉以上時，摘取側枝頂梢進行扦插繁殖，將每單株繁殖成一營養系，每營養系族群爲 24 株，（恰好是一端盤裝盛 3 吋盆栽的數量），同時進行營養系選拔。

營養系選拔的重點是：針對未來大量生產需求應具備的特性進行選拔。例如：單株生產扦插用頂梢的產量，插穗扦插枝條發根是否快而整齊，相同營養系植株發育是否整齊，每一開花枝開花是否一致而且開花在同一曲面上（圖 4-20），開花期早，以及觀賞期持久。

圖 4-20　長壽花營養系選拔，淘汰生育不整齊的營養系。

長壽花開花的日長反應是屬於日長週期較短的環境下才能開花的作物。在夏、秋季節若要生產長壽花，需要利用遮光方法將部分日照時間變成黑夜。在這種遮光的環境下，氣溫會比沒有遮光的環境更熱。因此要能週年生產的長壽花品種必需是耐熱性品種。長壽花耐熱性營養系選拔方法是在 6 月中旬種植，7 月上旬移到有遮光設施的栽培環境下栽培。植株在 9 月上旬開花同時進行選拔。淘汰不開花或開花不整齊的營養系，以及花色著色不良的營養系。

八、長壽花的種間雜交

燈籠草屬物種約有 140 種，而且大部分物種染色體短小，因此物種之間很容易進行種間雜交。從長壽花被開發爲花卉產品以來，種間雜交就成爲主要的育種方法。又由於種間雜交越複雜，發生變異的機率就越高，因此近年來重瓣長壽花花色變異的自然衍生品種也越來越常見。

早期的長壽花品種花朵很小，利用大花的燈籠草屬物種爲雜交親本，可以增大子代植株花朵的大小。另外近年來各種苗公司也開發切花用的品種，利用會抽花莖的燈籠草物種爲育種親本，可以增加子代植株的高度。因此具有大花、或有長花莖、或具有前兩種特性的物種就成了近年來進行種間雜交的首選。茲將國立中興大學近年開發的種間雜交組合簡述如下：

1. 長壽花‘海渥斯’與唐印（*Kalanchoe luciae*）雜交

唐印原產於非洲史瓦濟蘭與辛巴威等地區。植株需經噴 GA 25 mg/l 溶液後植株才能順利抽花莖開花。由於花小、淡綠色，無觀賞價値。但是葉片又圓又大，且葉片表面有白粉不常見開花，因此被利用爲觀葉植物。唐印植株開花後，花粉發芽率高，作爲花粉親結果率高，但是結種子率（成熟種子數 / 胚株總數）僅 0.4%，且種子發芽率僅 11.1%。後代植株抽花莖的現象不明顯，可惜花期較晚（圖 4-21）。

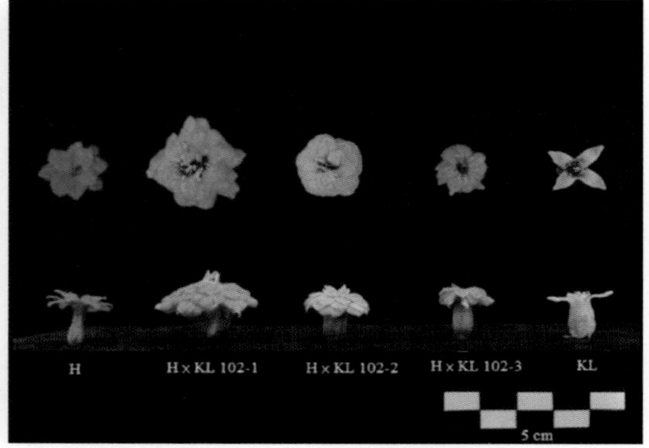

圖 4-21　長壽花'海渥斯'與唐印（*Kalanchoe luciae*）雜交之親本與子代植株形態（左圖），花朵形態（右圖）。

2. 長壽花'海渥斯'與落地生根（*Kalanchoe pinnata*）雜交

落地生根也是需經噴 GA 25 mg/l 溶液後植株才能順利抽花莖開花。雖然花朵數少而且下垂，無觀賞價值。但是落地生根的花朵大，因此可利用爲花粉親，期待能創造出高莖、大花的長壽花，供作爲切花用品種。落地生根植株開花後，花粉發芽率高，作爲花粉親結果率高，但是結種子率（成熟種子數 / 胚株總數）僅 0.3%，且種子發芽率僅 0.6%。後代植株高度都比'海渥斯'高，其中一株花朵爲重瓣，且花朵直徑也比'海渥斯'的花大，極具有當作切花品種的潛力（圖 4-22）。

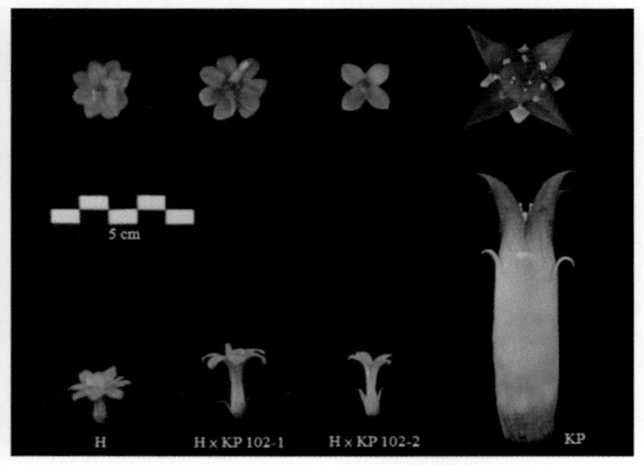

圖 4-22　長壽花'海渥斯'與落地生根（*Kalanchoe pinnata*）雜交之親本與子代植株形態（左圖），花朵形態（右圖）。

3. 長壽花'海渥斯'與 *Kalanchoe rebmannii* 雜交

K. rebmannii 原產於非洲馬達加斯加島。植株抽花莖不明顯。由於花朵大、花瓣的質地厚、顏色鮮明，因此用來改進長壽花的花朵性狀。*K. rebmannii* 植株開花後，花粉發芽率高，作爲花粉親結果率高，但是結種子率（成熟種子數／胚株總數）僅 1.0%，且種子發芽率僅 4.4%。雜交後代植株中的重瓣花，不只花朵直徑增大許多，花瓣數也明顯增加，且植株分枝性良好，很適於作爲 5 吋花盆規格的盆花（圖 4-23）。

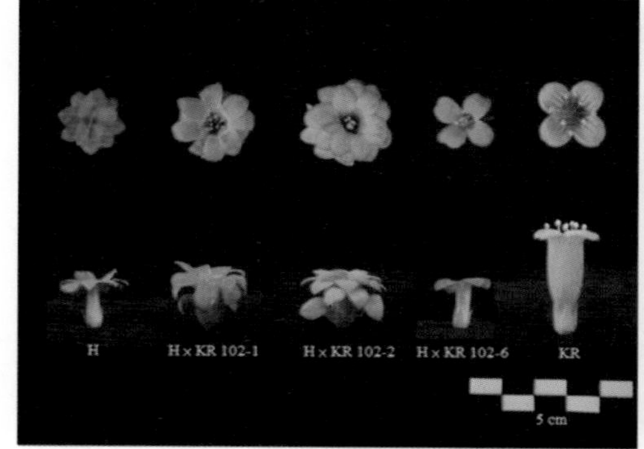

圖 4-23　長壽花'海渥斯'與 *Kalanchoe rebmannii* 雜交之親本與子代植株形態（上圖），花朵形態（下左圖下右）以及 5 吋花盆的盆花。

4. 長壽花‘桃花女’與日蓮之盃（*Kalanchoe nyikae*）雜交

日蓮之盃原產於非洲坦桑尼亞與肯亞等地區。植株需先抽莖後才能開花。因此植株需利用噴 GA 20 mg/l 溶液後，植株才能提早抽花莖開花。雖然日蓮之盃的花朵是單瓣、朝上開，但是花朵直徑比大多數燈籠草屬物種大，且花色爲高雅的粉橙色。另外葉片的形狀類似蓮葉的盾形葉，與一般燈籠草屬的倒卵形、或圓形葉差異很大，且葉片邊緣淺褐色，因此利用爲花粉親，期待能育出有特殊形態葉片的長壽花，或是大花重瓣的切花品種。日蓮之盃植株開花後，花粉發芽率高，作爲花粉親結果率高，但是結種子率（成熟種子數 / 胚株總數）僅 0.1%。實際授粉 65 朵花只培育兩株實生苗開花。兩株後代植株中，一株花莖會抽長，一株不會抽花莖（圖 4-24 左）。後代植株的花朵，比雙親的花朵大，花瓣數也較多（圖 4-24 右），有雜種優勢的表現。後代植株的葉片，其基部邊緣則有葉耳的突起，這是現有長壽花未曾發現的特徵（圖 4-3）。兩株子代的特性，有達成育種計畫預估的目標。不會抽花莖的子代（PF/KN 102-1），可以當做盆花用品種；會抽花莖的植株（PF/KN 102-2），可以當作切花用品種。

圖 4-24　長壽花‘桃花女’與日蓮之盃（*Kalanchoe nyikae*）雜交之親本和子代植株形態（左圖），花朵形態（右圖）。

5. 長壽花‘桃花女’與極樂鳥（*Kalanchoe beauverdii*）雜交

許多熱帶植物有肉質的莖，葉片也大，長壽花也是如此。因此作爲切花作物，載運費用高。極樂鳥原產於非洲馬達加斯加島南部和西南部地區的乾旱灌木林或樹林中。此物種是燈籠草屬物種中少見的蔓性植物，其枝蔓纖細，但相當堅硬；葉橄欖色、披針形。雖然開花期晚，且花朵是單瓣花，但是花朵直徑大，花瓣寬而厚，且花色灰藍色。因此利用作爲花粉親，期待能育出長開花枝條，且有藍色重瓣花的切花用品種。

極樂鳥的花粉發芽率高，與長壽花‘桃花女’雜交，結果率高達 95.1%，但是結種子率僅 0.4%。雖然收穫 596 果實，卻只育苗 13 株，其中有一株未開花。子代植株的葉片大小介於‘桃花女’與極樂鳥的葉片大小之間（圖 4-25 左圖），子代中的單瓣花齊花朵直徑也是介於‘桃花女’與極樂鳥的花朵直徑之間。但是重瓣花的花朵直徑都比‘桃花女’與極樂鳥的花朵直徑大（圖 4-25 右圖）。單瓣花與重瓣花植株的比率爲 6：5（圖 4-26）。雜交後代中的第 2、3、4、5 號植株有達到枝條細長（圖 4-26）、葉小、大重瓣花的育種目標，且其單朵花的壽命長達 3-4 星期，是很有潛力成爲切花用品種，唯開花期屬於中晚生品種，在元月分開花。

圖 4-25　長壽花‘桃花女’與極樂鳥（*Kalanchoe beauverdii*）雜交之親本及子代之葉片形態（左圖）與花朵形態（右圖）。

圖 4-26　長壽花‘桃花女’與極樂鳥（*Kalanchoe beauverdii*）雜交之親本及子代植株之形態。

6. 長壽花‘桃花女’與長壽花‘溫蒂’（‘Wendy’）雜交

大部分的重瓣長壽花的花朵，除了丹麥玫瑰系列的品種外，花瓣大多不夠大，而且花瓣數越多花瓣排列越不整齊。長壽花‘溫蒂’是形態特別大的筒狀花，花瓣的背軸面紫紅色，瓣端淡黃色。植株雖然無分枝，但是腋生的花梗數多，值得嘗試當作花粉親，以改良長壽花有窄花瓣的缺點。

將‘Wendy’花粉授粉在‘桃花女’柱頭上，共授粉 56 朵花只獲得 8 粒種子，結種子率僅 0.1%。最後獲得兩株開單瓣花的植株，而且花朵都有花筒。開白花的植株，其花瓣的大小介於雌、雄親的花瓣大小之間（圖 4-27 左圖），即有達到改善長壽花小花瓣的缺點，而且植株的分枝性和耐熱性都比‘Wendy’好很多。因此利用這株開白花的子代（PF/W 102-1）爲花粉親，與各品種重瓣長壽花雜交，例如‘柏金’（‘Birkin’），可以獲得許多有花筒，且花瓣排列整齊的大重瓣花品系（圖 4-27 右圖）。

圖 4-27　長壽花'桃花女'與'溫蒂'雜交之親本與子代植株之形態（上圖），與花朵形態（下左圖），以及利用白花的子代（PF/W 102-1）為花粉親開發出來的大花品系（下右圖）。

參考文獻

王嘉偉。2011。燈籠草屬異節物種間的雜交。國立中興大學園藝系研究所碩士論文。72 頁。

侯宇龍。2003。鵝鸞鼻燈籠草與長壽花之種間雜交育種。中國立中興大學園藝研究所碩士論文。89 頁。

黃倉海。2007。臺灣原生燈籠草屬物種開花生理、種間雜交與 ISSR 分子標誌分析之研究。國立中興大學園藝系研究所博士論文。190 頁。

鄭怡婷。2009。重瓣長壽花之雜交育種。國立中興大學園藝系研究所碩士論文。64 頁。

盧勝鍵。2013。燈籠草屬同節物種或異節物種之種間雜交。國立中興大學園藝研究所碩士論文。85 頁。

謝伯泓。2018。極樂鳥（*Kalanchoe beauverdii*）的性狀遺傳研究及其在長壽花育種之應用。國立中興大學園藝研究所碩士論文。75 頁。

致謝

本章之完成，要感謝侯宇龍同學利用鵝鑾鼻燈籠草仔細描述花朵變化，並育成第一株的種間雜交種。黃倉海同學將燈籠草屬的生殖生長作了詳細的觀察，並且詳加討論葉片的遺傳行爲。後來王嘉偉同學等才能進行異節物種的雜交。鄭怡婷同學證明了長壽花重瓣的遺傳機制。盧勝鍵同學和謝伯泓同學挑戰許多困難的異節物種的雜交，使長壽花品種更具多樣性。

CHAPTER 5

朱槿育種

朱槿（*Hibiscus rosa-sinensis* L.）是錦葵科（Malvaceae）木槿屬（*Hibiscus*）的物種，原生於太平洋周邊島嶼，例如：中國的廣東省、印度東岸、澳洲及夏威夷等。朱槿爲常綠灌木，由於植株生長強健，常被用來作爲綠籬作物或庭園觀賞花木。花朵形態及花色豔麗變化多，富有活潑的熱帶氣息，廣受世人所喜愛，有「熱帶花卉之后」的美名。朱槿在熱帶地區廣泛的被栽植，在中國、印度、日本以及太平洋島嶼已有很長的栽培歷史。被馬來西亞選爲國花，美國的夏威夷官方也將其選爲夏威夷州花，在臺灣則是高雄市的市花。

目前世界上已經有超過 10000 個朱槿品種，但是由於大多數品種植株較爲高大，幾乎都是以庭園栽培種爲主。二十世紀末歐洲國家開始將朱槿改良作爲室內盆花作物，再加上植物生長抑制劑的應用，朱槿已經成爲極具有發展潛力的熱帶新興盆栽花卉作物。

良好的室內盆花作物需具備容易栽培管理、開花性佳、分枝性、植株矮（植株高度約 60 cm），以及置於室內環境下觀賞期長等特性。然而現今大多數庭園栽培的朱槿品種，株形高大、分枝性不佳，且不能在室內環境生長。雖然利用施肥管理技術、修剪與施用植物生長抑制劑（矮化劑）可以解決朱槿分枝性不佳以及植株過於高大的問題，但這些方法的功效，僅是暫時性的，對多年生的作物而言，需定期施用矮化劑，才能維持植株矮化的效果。

雖然荷蘭的種苗公司 Sunny City 曾在 20 世紀末推出作爲盆花的朱槿品種，這些品種在室內的低光照（800 lux）環境下，觀賞期長達 2 星期，植株的分枝性也很好；可惜在日本栽培時因爲 7-8 月分的氣溫高造成植株不開花，故而無法上市。因此要將朱槿作爲盆花作物，仍有許多問題尚待改善。要改善前述的諸多朱槿品種的缺點，還是得從育種方面來著手。

臺灣在氣候條件上很適合朱槿生長，具有發展朱槿育種的潛力。然而近二十年來雖然引進了許多的朱槿品種，但仍侷限於綠籬用或庭園栽培用的品種，或是趣味栽培的玩家品種，眞正優良的盆花品種幾乎不曾見到。中興大學因爲聖誕紅的育種成果受到日本華金剛株式會社的肯定，而願意建立產學合作關係，共同開發耐熱、且能作爲盆花用途的朱槿品種。除了提供歐洲的盆花用品種之外，也從美國夏威夷和南太平洋地區引進耐熱的庭園用大花品種，作爲朱槿育種的種源。

朱槿的種源與發展

一、朱槿的起源與學名

目前已知最早有關朱槿物種的文獻，是印度人 Van Rheede 在 1678 年所描繪的一個重瓣花的朱槿植株，同時另一個紅色單瓣花的朱槿植株也被發現野生於印度的 Malabar 海岸，因此這個植物在當時被命名爲 *Hibiscus rosa-malabarica*，而不是 *Hibiscus rosa-sinensis*，但是至今仍無法確定這個區域是否就是它的原生地。西元 1731 年初期，英國倫敦 Chelsea 醫藥花園的管理員 Philip Miller 曾將紅色重瓣花的植株與其他形態的朱槿近親緣物種以 *Hibiscus javanica* 的名稱引進英國，並稱它們是爪哇的原生種。另外包括 Cook 等幾位太平洋探險家，也發現太平洋的幾個群島上有栽植紅色重瓣花的朱槿。此外在大西洋地區的加那利群島（Canary Islands）與馬得拉群島（Madeira）這兩地方，因其位於好望角的貿易航路上，而將朱槿引入栽植。西元 1798 年，西班牙在加那利群島中的特內里費島（Tenerife）上建立了 Orotava 植物園，作爲亞洲與熱帶地區植物的馴化區。因此在這個地區也可能找到一些早期植株形態的朱槿。西元 1810 年初期，歐洲商人 John Reeves 曾委託一位中國的藝術家用水彩繪出當時栽植於中國的各種朱槿，並將這些朱槿帶到英國繁殖。但是在這些繪圖當中（目前存放於英國皇家園藝協會的 Lindley 圖書館），並沒有發現單瓣花的朱槿。根據當時的文獻指出，單瓣花的品種在中國被認爲是非常稀有的，後來才從南印度洋引進了單瓣花的品種，此後中國才有單瓣花品種。西元 1900 年，植物學家 Hochreutiner 將朱槿（*Hibiscus rosa-sinensis*）歸類在百合科（Liliaceae）的木槿屬（*Hibiscus*）中（木槿屬現在屬於錦葵科），而古老的馬達加斯加大陸中的 Lemuria 地區，一直被視爲是百合科的假想種源中心，因此推測此處也可能是朱槿的發源地之一。後來有更多的證據支持 Hochreutiner 的理論，例如在南印度洋島嶼以及非洲東岸，已發現有三、四個原生種，與現今各種形態的朱槿有遺傳上的親和性，且彼此之間也可以相互雜交親合，而在亞洲或東印度洋群島上並未發現擁有這些遺傳特性的地方品種。因此，南印度洋島嶼及非洲東岸，很可能是早期的朱槿（包括雜交種）種源的原生地。

不過到目前爲止，朱槿的原生地仍無法確定。有許多早期的文獻皆認爲朱槿是一個原生於中國的植物，所以朱槿學名中的種名才會被稱爲中國的玫瑰花（*rosa-sinensis*）。但令人不解的是，在中國卻一直找不到朱槿的野生種，因此中國是否眞的是朱槿發源地，仍有待進一步的考證。另一位太平洋地區的植物學家 E. D. Merrill 聲稱：朱槿（*Hibiscus rosa-sinensis*）是在麥哲倫時代之前，玻里尼西亞人從東南亞遷徙至太平洋地區的過程中所引進的一種觀賞植物。這個紅色重瓣花的品種，至今仍然在全世界適合朱槿生長的地區，普遍的被栽種著。由朱槿的發展史可發現，定名爲 *H. rosa-sinensis* 的朱槿實際上是一個非常多元形態的族群，包含各種種間雜交種及其衍生品種。因此有學者表示現在的分類學家應該用 *Hibiscus* x *rosa-sinensis* 來代表朱槿是自然雜交種較爲適當。

二、朱槿的發展史

1. 歐洲的朱槿

最早將 *Hibiscus* x *rosa-sinensis* 歸屬於爲木槿屬的物種者，可能是分類學權威－林奈，書寫於 *Species Plantarum*（1753）這本書。書中提及的朱槿植株形態可能是在歐洲尙未發現其蹤跡前，廣泛散布於中國、印度、東南亞及太平洋島嶼開紅色重瓣花的植物。之後也有一個紅色單瓣花的物種被納入木槿屬當中。在十九世紀的最初 10 年間，其他形態類似朱槿的木槿屬植物相繼被引入歐洲的溫室栽培，它們大多數是蒐集自亞洲與南印度洋島嶼。學者們相信：在相關的歷史記載前，它們已在這些地區生長。後來引進的植物則是從早期的植物栽培者經由種間雜交而來的栽培種。例如：在 1820 年初期，居住於模里西斯（Mauritius）的 Charles Telfair 將當地的 *H. lilliflorus* 與從南印度洋小島帶來的幾個朱槿的老品種雜交，並且將這些雜交種交由英國南部薩里郡（Surrey）的 Robert Barclay 栽培。雜交後代經繁殖後，介紹給英國其他的園藝家栽培，從此朱槿開始在歐洲地區發展。

2. 美洲的朱槿

雖然在十九世紀初已經開始有栽培者進行朱槿之雜交育種，但是大規模的雜交育種與栽培，卻是於大約在 1900 年代以後，夏威夷、印度、斯里蘭卡、斐濟以及美國佛羅里達州等地區的栽培者才開始，而這些地區也是現今業餘栽培者主要的分布中心。Ross Gas 在 1946 年廣泛的收集木槿屬的植物，並將這些物種與朱槿雜交，培育出 3000 多個不同的朱槿雜交種，之後並成立了美國朱槿協會（American Hibiscus Society, AHS），後來受邀爲美國洛杉磯郡植物園協助開發比較耐低溫的朱槿品種，並獲得植物園贊助旅費，於是在 1963 至 1967 年期間他到世界各地收集各種朱槿，足跡遍及模里西斯、馬達加斯加、東非、南非、新加坡、太平洋群島、澳洲、留尼旺島、斐濟及印度等地，並將這些品種交給洛杉磯州郡植物園（Los Angeles State and County Arboretum, LASCA）的 Joe Staniford，而培育出許多強健的朱槿栽培種及斑紋品種，這些品種也是目前最常見到的栽培種。此外澳洲在 1967 年成立澳洲朱槿協會（Australian Hibiscus Society Inc.）。這兩協會對近代朱槿的發展有相當重要的貢獻。

三、現代朱槿品種的重要親本

學者 Singh 與 Khoshoo 認爲朱槿這個物種是從兩個族群經過複雜的雜交之後所產生，其中一個族群原生於南印度洋和非洲東岸，包括裂瓣朱槿 *H. schizopetalus* Hook.（非洲東岸）、百合朱槿 *H. liliiflorus* Cav.（模里西斯與羅德里格斯群島）、*H. fragilis* 與 *H. boryanus* Hook and Arn.（留尼旺群島）。另一個族群原生於太平洋島嶼，包括原生於夏威夷群島的 *H. arnottianus* Gray、*H. waimeae* Heller 以及 *H. kokio* Hillebrand，以及原生於斐濟的 *H. storckii* Seeman 與 *H. denisonii*。這些物種之間是可以雜交親合的，完全不需要考慮親本的染色體數是否相同，任意雜交都可以成功。事實上這兩個族群當中的每一個種都是獨立的物種，而因爲相互雜交之後，增加了現代朱槿的多樣性。現代的朱槿栽培種的遺傳質具有高度異質結合性，而外表型則有高歧異度的多型性；例如許多不同的生長習性、生長勢、花形以及花色等。

這些差異性是因為基因滲入，或是染色體在重組期間新的基因組合產生交互影響的結果。

在細胞學上，前述演化出朱槿的親本之染色體基數包括 x=7、11、12、15、16、17、18、19 或 20。而朱槿染色體基數則為 x=18 族群當中的一個種，不過現代朱槿當中也有許多不同的非整倍數染色體數的品種，而且多倍體的種類從 4 倍體到 25 倍體之間都有，其染色體數從 2n=36、46、72、92、144 到 168 皆有，例如 ‘Queen’（2n=46）以及 ‘Giant Rose’（2n=144）。造成此特有現象，可能是由於包括 2n 或未減數分裂的配子受精之後的結果。

由於朱槿是一個非常多形態的族群，品種間基因上的差異性很大，且部分為多倍倍數體品種。目前已知下列的這些物種，在遺傳上與所有類型的朱槿品種都有相互雜交的親和性，且彼此物種之間也有親和性的物種有下列幾種：

1. 原生於非洲東岸及南印度洋的族群

(1)*H. schizopetalus* Hook.（裂瓣朱槿）：染色體數 2n=46，原生於非洲東岸地區與馬達加斯加島。花朵單瓣、紅色，花瓣深裂，花朵下垂。

(2)*H. liliiflorus* Cav.：原生於模里西斯與羅德里格斯群島，1820 年 Charles Telfair 將此種與幾個舊有的朱槿品種雜交，育成了一些雜交種，並且傳入歐洲栽培。

(3)*H. fragilis*：原生於印度洋的留尼旺群島（Reunion Islands），花朵單瓣、紅色，植株形態較小。

(4)*H. boryanus* Hook. and Arn.：原生於印度洋的留尼旺群島，花瓣有紅色、粉紅色、粉紫色等，單瓣，花朵挺直朝上。

2. 原生於太平洋島嶼的族群

(5)*H. arnottianus* Gray（圖 5-1 左圖）：原生於夏威夷，染色體數 2n=80 或 84，白花，單瓣，蕊柱橙紅色，為現今許多朱槿品種之親本，可作為根砧。本種還有一個亞種，*H. arnottianus* subsp. *immaculatus*，其蕊柱是白色的，已經被列為世界瀕臨絕種的物種。

圖 5-1　分布於夏威夷的木槿屬物種：*Hibiscus arnottianus*（左圖），*Hibiscus waimeae*（右圖）。

(6)*H. waimeae*（圖 5-1 右圖）：原生於夏威夷海拔 880-1320 m 的 Waimea 峽谷地區，地方特有種。植株高度 10 m 以上，花朵爲明亮的純白色，長蕊柱紫紅色，花朵直徑 12 cm，有獨特甜醇的香味，是育成香朱槿的親本。

(7)*H. kokio* Hillebrand：分布於夏威夷各島，染色體數 2n=82（Niimoto, 1966），分枝很長的灌木，株高可達 12 m，單瓣花有粉橙紅到橙紅色的絲質花瓣，花朵的大小、和形態，因分布島嶼不同，植株花瓣顏色顯著不同。在 1923 年曾被官方列爲夏威夷州花，一直到 1988 年被 *H. brackenridget* 取代。*H. kokio* 還有一個亞種名爲聖約翰朱槿（*H. kokio* subsp. *saintjohnlanus*），分布於考艾島（Kauai）西北部海拔 300 m 的半乾燥或潮溼的森林。

(8)*H. clayi*：分布於夏威夷群島中的考艾島東北部乾燥的山腳下。花瓣反捲，形狀像皮帶，暗紅色、有光澤。

(9)*H. brackenridget*：種名的意義爲「羊齒（蕨）的背脊」，花朵淡黃色。西元 1988 年起，取代原來的 *H. kokio* 成爲夏威夷州花。

(10) *H. storckii* Seeman：原生於斐濟群島。

(11) *H. denisonii*：原生於斐濟群島，花色粉紅。

四、世界各地區朱槿的品種特性

目前世界的朱槿栽培品種可分爲三大類：第一類是美國或澳洲朱槿協會玩家育成的品種群。由於協會中品種的比賽，只有比賽花朵的形態，因此其品種的主要特性是大花以及花色奇特的花朵。但是這類品種通常生長緩慢、分枝少、花也比較少。第二類品種群是熱帶島嶼地區作爲庭園用途的品種。其品種的主要特性爲：植株高大強健、耐潮溼氣候、可以週年開花，花朵多且大。而第三類品種群是歐洲荷蘭開發作爲盆花用途的品種群。其品種的主要爲：植株生長強健、植株形態緊密、易分枝、花梗短而堅挺、花形豐滿（花瓣重疊性佳），且在較低光度的室內環境下觀賞期長，可惜耐候性較差，在高溫環境下不開花。

第二節 朱槿的開花生理與花器構造

日照強度是影響朱槿生長狀態最主要的原因。只要在陽光充足的環境，成熟枝的每一節的腋芽都能長出一枝花梗，每花梗有 1-2 朵花。花梗乾枯或脫落後，花梗基部有兩個副芽，會再發育成側枝。在適合的光線、溫度環境下，小花蕾即持續發育開花；環境不適合時，小花蕾則會變黃、凋萎脫落。花朵外形變化多，依花瓣數的多寡可分爲單瓣、半重瓣、或重瓣。且花瓣之重疊性、及皺褶程度也會依品種之不同而有差異。花色除了有紅色、桃紅、粉紅、橙紅、粉紫、紫、淡黃、黃及白色等多種顏色之外，還有許多的混色品種。雄蕊 40-80 個，環狀排列著生於雄蕊筒（staminal tube）前半部，花柱長，包覆在雄蕊筒中，頂端分叉形成 5 個柱頭，柱頭上著生絨毛，屬於乾式柱頭，花粉溼潤而有黏性。子房爲 5 心室，每心室含

圖 5-2　朱槿的花器構造。

12-15 個胚珠。每朵花壽命 1-2 天，通常於早上開花至夜晚閉合，開花時間會依據氣溫之變化而有所差異，冬季低溫時有些品種的花朵壽命較長，可開放 2-3 天。同一枝條上的上、下位的花朵，開花間隔約 3 至 7 天。

朱槿的育種障礙及解決對策

在朱槿花朵正常發育的過程中，柱頭會始終保持於花藥上方，且通常於開花後花藥裂開前，花柱會迅速伸長，不容易發生自花授粉，因此朱槿可能爲常異交作物。

植株除了具有單爲結果能力的植物之外，結果的完成須依賴有效的授粉及受精作用。所謂「有效授粉期」的概念，是指授粉後可產生果實的有效授粉天數，也就是胚珠壽命減去授粉受精所需的時間，且授粉時間不能晚於柱頭感受期。而柱頭感受期、花粉活力與胚珠壽命皆會直接影響受精的成功與否，進而影響結果率的高低。另外朱槿的花粉爲溼性花粉附黏性，花藥開裂後花粉無法藉由風力傳播，自然情況下雜交授粉時需有昆蟲作爲授粉媒介。但是在田間栽培觀察中發現，雖然螞蟻、蜜蜂及蝴蝶偶爾會在花朵柱頭下方吸食花蜜，但這對於授粉的幫助不大，加上大部分朱槿花朵壽命只有一天，有效授粉時間很短，因此在自然環境下極少見到朱槿結實。

朱槿的雜交育種過程中，最常發生的問題是結果率很低。在臺灣幾乎無法見到朱槿自然結果，或是結果後一段時間果實就會脫落，很難獲得成熟的種子。國外許多的育種者也曾指出朱槿的結果很難，但是不結果的原因不明。經過多年來從事朱槿育種的經驗，將目前所了解會造成朱槿結果率不佳的原因，歸納以下幾點：

一、品種或種間雜交的親和性低

木槿屬（*Hibiscus*）的物種可分爲耐寒性的物種族群，與耐溼熱的物種族群。前者分布於溫帶地區，以木槿（*Hibiscus syriacus*）爲代表物種，後者分布於太平洋周邊島嶼，以朱槿（*Hibiscus rosa-sinensis*）爲代表物種。可惜兩族群的物種至今仍未聞有雜交成功者。

由於現代朱槿本身是經過與許多分布於南太平洋或南印度洋的木槿屬物種雜交演化而來的品種群，不只遺傳質有高度多型性的異質結合，而且因此如前文所敘述「品種間染色體數的差異性很大」。不同染色體數的父母本，在受精過程染色體結合的階段，可能會產生染色體無法正常配對的情形，形成異常的結合子，使得種子發育無法正常完成。例如將一些染色體數不同的物種雜交後發現，在胚胎發育初期，減數分裂之後，受精卵會有夭折（abortion）的情形發生。至於朱槿品種間的親和性，除了實際授粉外，沒有判斷的標準或方法。

二、花粉活力低且花粉發芽的適當溫度範圍小

自然界當中，許多植物品種之間的花粉活力普遍存在有差異性，而朱槿亦有相同之現象。植物在花粉發育期，細胞內的成分與胞器發育程度上之差異，會影響品種間花粉活力高低。在自然環境中植物要能順利的結果實其花粉發芽率至少要有 30%。從圖 5-3 中可發現，在試驗的 25 個朱槿品種當中只有 '0112' 品系符合這個條件、其他也只有 'Cadace'、'Como'、'9202'、'0146' 與 '8159' 等 5 品種的花粉發芽率可達 15 % 以上，其他品種花粉發芽率皆低於 15 %，其中 '0039'、'0141'、'8172'、'9197' 與 '9211' 的花粉發芽率甚至小於 5 %（圖 5-3）。由此可知朱槿的花

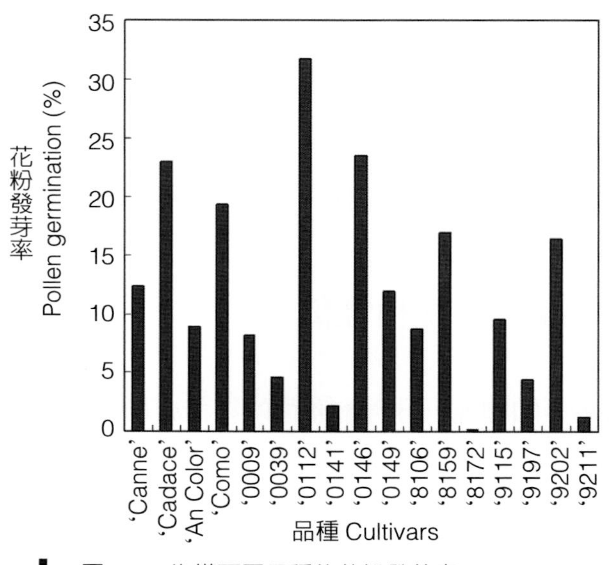

圖 5-3　朱槿不同品種的花粉發芽率

粉活力普遍不佳，此爲造成朱槿雜交成功率低落的關鍵因素之一。

物種演化的過程中，適應當地環境的植物才能生存下來。朱槿及其可以雜交的親本，都生長於熱帶地區的島嶼或海洋的沿岸地區。這些地方的氣溫沒有四季變化，日夜溫差也不大。因此朱槿生長的適當溫度，爲 20-28℃，範圍很小。從圖 5-4 可以發現：只有 '0112' 品系在 25℃的環境下，花粉發芽率才能達到授粉容易結果的標準（30%）。另外 'Como' 品種的花粉發芽要有 15% 以上的發芽率，花粉發芽的溫度需在 25-30℃之間。

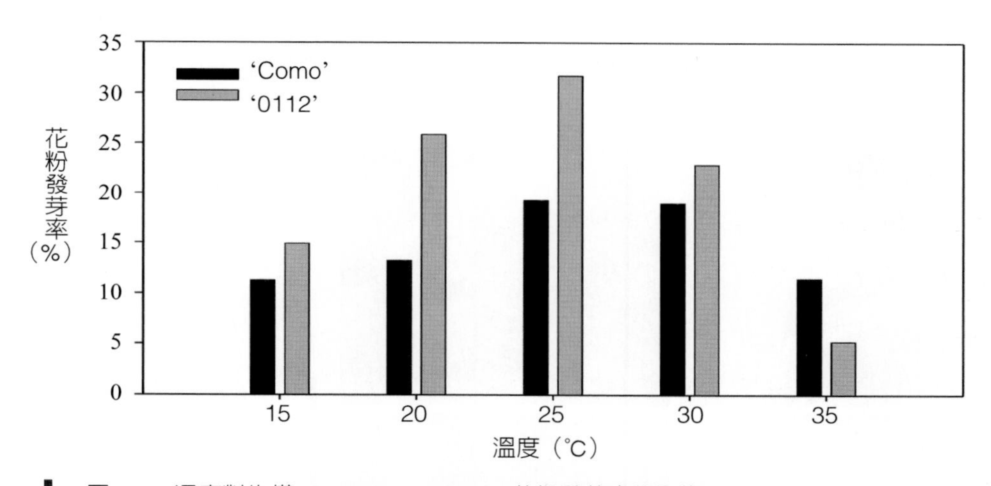

圖 5-4　溫度對朱槿 'Como' and '0112' 花粉發芽率的影響。

三、花器形態發育的不全

觀察田間栽培的植株發現：朱槿於春、秋兩季開花率較高，成熟枝條上幾乎每節都會開花。多數品種在夏季溫度高於 30℃的氣溫時下，植株會有落花蕾或花朵夭折（abortion）的情況發生，開花數明顯減少，而且會有花柱不能伸出雄蕊筒的異常情形（圖 5-5 左圖）。冬季溫度低於 15℃時花朵發育會有延遲現象，且部分品種開花時花柱由雄蕊筒側面穿出之異常情形（圖 5-5 右圖）。

此外在朱槿雜交過程中也發現：沒有授粉、或授粉失敗的花朵，整朵花在 2-3 天內會脫落。而授粉成功的花朵，在授粉後 2 天雖然花瓣也會脫落，但是花柱依然與子房相連結且子房逐漸膨大。在開花後 4 天，花柱萎凋。開花後 5 天，花柱完全脫落，子房頂端出現缺口。開花後 7 天，花萼與子房才逐漸變黃然後脫落（圖 5-6）。仔細檢查授粉後第 5 天的子房，會發現花柱萎縮後子房頂端並沒有閉合而是有個小缺口（圖 5-7 左圖）。經剖開子房觀察發現：這缺口的下方恰好是子房內的中軸胎座，

圖 5-5　朱槿花朵於不適合的溫度下生長時雌蕊發育異常情形；（左）高溫 30°C以上生長情形，（右）低溫 15°C以下生長情形。

圖 5-6　朱槿授粉後花瓣與雄蕊筒脫落後之情形。開花後 2 天花瓣脫落後，花柱仍與子房相連結（左上）。開花後 4 天，花柱萎縮（右上）。開花後 5 天花柱完全萎凋，子房頂端出現缺口（左下）。開花後 7 天，花萼與子房萎縮枯黃（右下）。

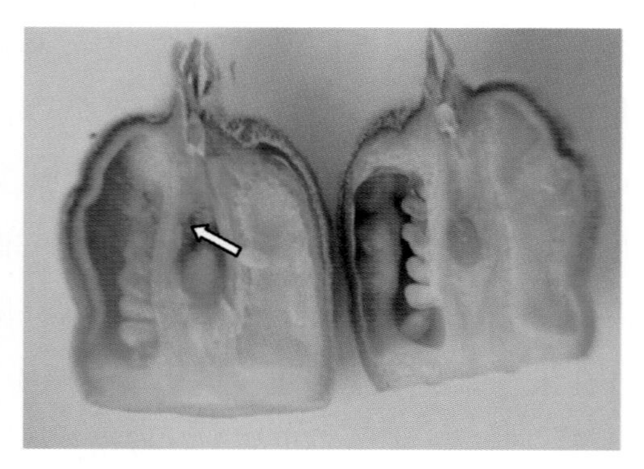

圖 5-7　朱槿花瓣脫落後花柱萎縮，子房頂端孔洞（左），造成胚珠失水萎縮（右）。

且中軸胎座的受精卵已經由上而下逐一凋萎（圖 5-7 右圖）。若所有的受精卵都凋萎了就會落果。因此若授粉後的子房頂部缺口癒合速度較慢，或是不能癒合，都會導致落果。

四、種子發芽率低

收穫的朱槿種子常有些發育不良的種子（圖 5-8 右圖）。這些種子的表皮皺縮，不會發芽，播種前應先剔除。

種子休眠（dormancy）主要可分成由胚芽所引起之休眠，與種子皮引起之休眠二類。胚芽休眠之種子主要是胚芽內的離層酸（abscisic acid）濃度過高，或是胚芽發育不完全所引起；有種子皮休眠之種子，則是由於種子表皮構造所引起，主要機制爲阻止水分及氣體之吸收、種皮含有抑制物質與胚芽內抑制物質無法經由種子皮流出、抑制胚芽之生長，導致種子無法正常發芽。實生苗之獲得爲雜交育種流程之重要步驟。然而朱槿種子外層有一堅硬的皮，皮上覆有絨毛（圖 5-8 左圖），致使種子不容易吸水。播種後不僅種子發芽率低，且發芽非常不整齊（圖 5-9），影響到育種的育苗工作之進行。

圖 5-8　朱槿種子外形；一般正常種子（左），種子皮皺縮之種子（右）。

圖 5-9　朱槿播種後發芽率低且發芽不整齊。

五、提升育種效率之對策

針對以上的幾個問題，可利用下列的幾種方式進行改善，以提升育種效率：

1. 藉由對朱槿品種系譜的了解，育種時選擇親和性較佳的雜交組合之參考。例如：若已知一個新的品種是雜交種，則利用此品種作爲種子親，與任何親本進行回交（back cross），可獲得較高的雜交成功率，此品種與其兄弟株可能也會有較佳的親和性。藉由對朱槿品種染色體數或倍數體的了解，選擇染色體數多的品種作爲種子親，可得到較高的雜交成功率。若遭遇早期落果的情形，利用胚芽培養也可克服朱槿雜交育種時，因爲親和性不佳造成胚胎無法正常發育成熟的問題。

2. 植物花粉發育期間之溫度對之後花粉的活力有很大的影響。例如朱槿開花前 3-5 天對溫度最爲敏感，此時若遭遇高於 28℃或低於 15℃之溫度過久，花粉發芽率會顯著降低。加上在不適合的溫度下，花粉管生長不管是在植物體外的人工培養或花粉在花柱內生長，都會有異常生長的情形（圖 5-10）。因此在進行朱槿雜交育種的操作時，除了選擇花粉活力較高的親本之外，亦需要在適當的溫度環境下進行人工授粉，且最好在花藥剛裂開時取新鮮的花粉授粉，以提高授粉的成功率。在臺灣，冬季氣溫常低於 20℃，夏季氣溫常高於 30℃，進行朱槿授粉作業都不會有結果。建議朱槿的授粉作業在每年 11 月或 3-4 月進行，可以得到較高的結果率。

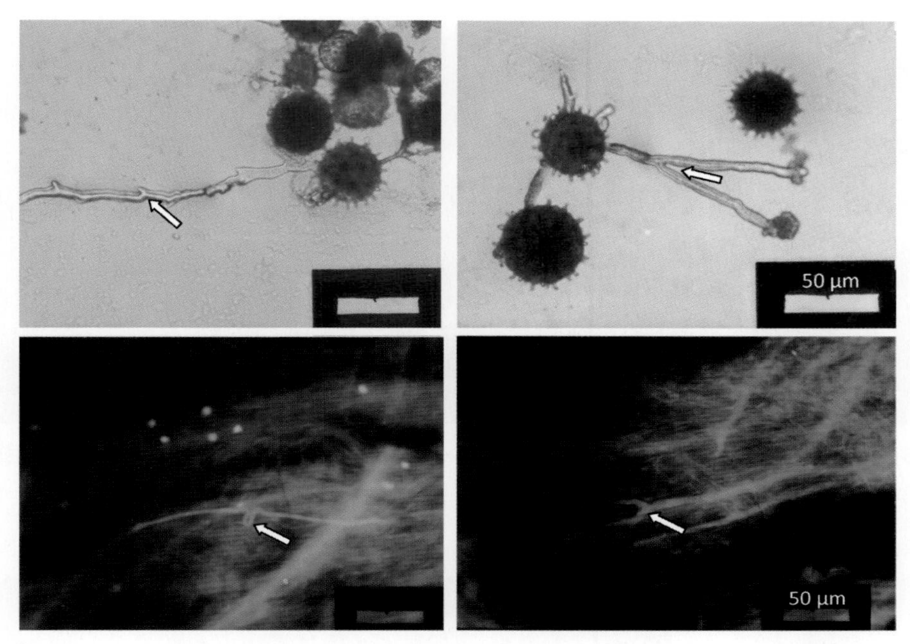

圖 5-10　朱槿粉在溫度大於 30°C的環境下，人工培養花粉（上圖）或花粉在花柱內生長（下圖），花粉管發生分叉或彎曲等不正常生長的情形。

3. 朱槿的原生地區包括南太平洋與印度洋中的島嶼及周邊海岸地區。此地區在午後經常下對流雨。經過觀察朱槿授粉後花朵形態的變化，發現朱槿的花萼宿存，而且隨子房發育也逐漸增大。因此推論：「朱槿在原產地，偶而可以發現朱槿的果實與種子，應該與午後陣雨和增大的花萼有關聯。當下雨之後，花萼就成了暫時的貯水槽，可以短暫的供應子房水分，使受精卵能夠正常發育而不落果。」經過實際模仿朱槿原生地的氣候特徵，即在雜交授粉花瓣脫落後，每天下午 14-15 時之間模仿下雨，大量灑水在植株，讓宿存長大的花萼存滿人造雨水（圖 5-11 左圖），果然獲得雜種種子。再經解剖學的印證發現：植株經過灑水約 2 星期後，子房頂部不只沒有乾枯，而且有許多新生細胞將頂部缺口填滿（圖 5-12），所以後續即使不再澆水，子房也不再失水，當然也不會落果。然而每天製造人造雨相當費時，而且如果子房頂部缺口還未填滿花萼又沒有積水還是有落果的可能，因此後來改用在花瓣脫落後即刻在子房頂部塗抹羊毛脂膏，將孔洞覆蓋（圖 5-11 右圖），一樣可以有效提高朱槿雜交授粉之後的結果（表 5-1），而且省工。如果塗抹羊毛脂膏兩星期後若果實仍未脫落，則可視爲雜交成功。約兩個月後，果實轉爲褐色時，即可獲

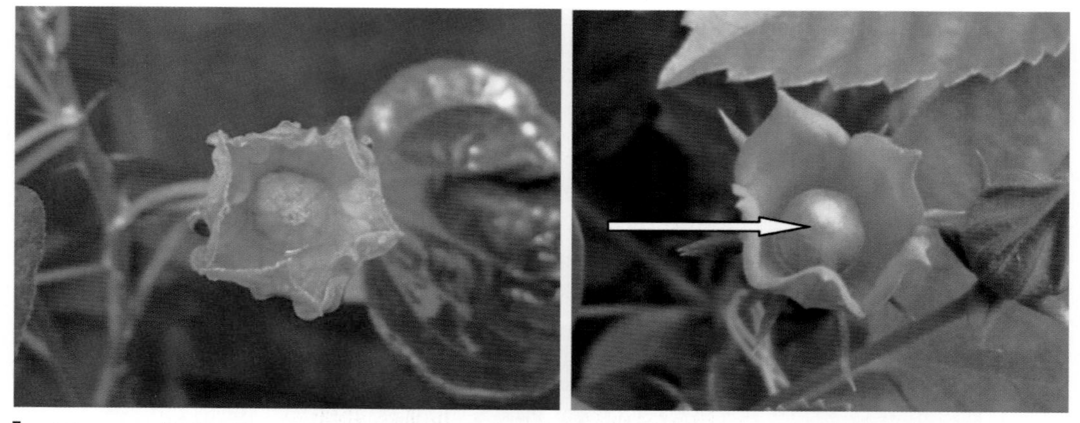

圖 5-11　花瓣脫落後，利用人造雨讓花萼積水，可以防止落果（左）；或子房頂端用羊毛脂膏塗抹（箭頭指示），也可以提高朱槿的結果率。

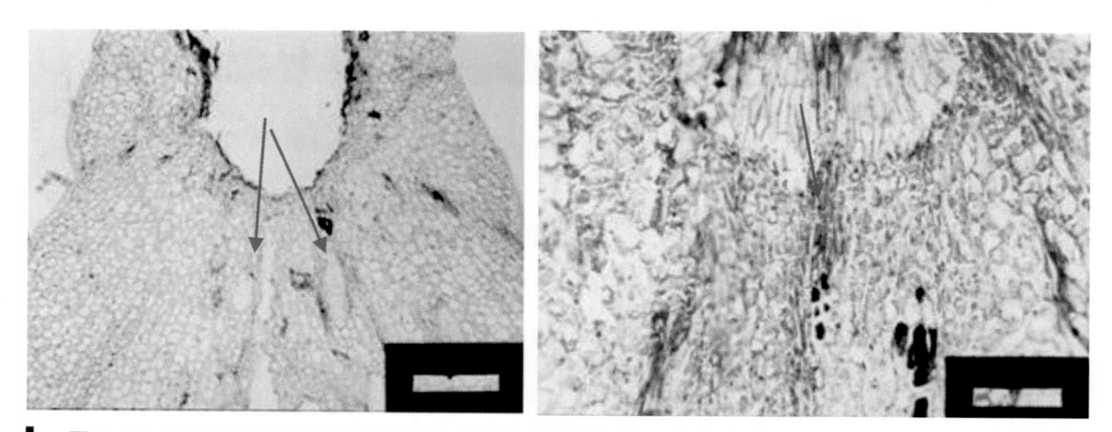

圖 5-12　比較對朱槿子房細胞構造之影響。授粉後五天，沒有人造雨，子房頂端組織向內萎縮到達座上端（左圖紅箭頭處）。子房經人造雨處理，花柱脫落所形成缺口已由新生細胞所填補（右圖紅箭頭處）。

得發育成熟之種子。

4. 朱槿之種子有一堅硬的外種皮，且種皮外有許多絨毛影響水分之吸收，若無任何處理直接播種則幾乎不發芽，推測朱槿之種子可能為種皮休眠之類型。利用砂紙去除絨毛或磨傷種皮後再進行浸種處理，可促進種子之吸水及透氣性，提高種子發芽率。然而不同雜交組合所獲得之種子，其播種前處理對種子之發芽率也有不同之差異（表 5-2）。

表 5-1　子房頂端羊毛脂膏處理對朱槿結果率之影響

雜交組合 Cross combination	著果率（%） Fruit set rate（%）	
	對照組 Control	羊毛脂膏處理 Lanolin treatment
'8106' × 'Cadace'	40.0 b[z]	61.5 a
'8106' × 'Como'	62.5 b	88.0 a
'8106' × '0112'	48.3 a	51.9 a

表 5-2　種子處理對朱槿種子發芽率之影響

雜交組合	發芽率（%）		
	50℃溫水浸種	磨傷 + 一般浸種	磨傷 + 50℃溫水浸種
'8106' × 'Como'	83.3（5/6）[z]	–	85.7（6/7）
'8106' × '0146'	33.3（1/3）	–	0（0/4）
'8159' × 'Como'	42.9（3/7）	71.4（5/7）	71.4（5/7）
'9211' × 'Como'	6.7（1/15）	85.7（6/7）	17.6（3/17）

盆花用朱槿的育種實務

一、育種目標

木本花卉作爲盆花用途，最具挑戰性的特性是植株的形態。例如：植株必須很小就能開花，植株的分枝必須很多才能有量感，而且每分枝開花的位置在葉面上。又考量產品單位面積的產量，植株直立型會比開張型較受歡迎。另外如果作物可以週年生產販售，對生產者也比較有利。更由於盆花是屬於室內的觀賞作物，因此品種需要在室內較低光的環境下，仍有比較長的觀賞期。歐洲種苗公司將原本栽培於熱帶庭園的花木，改良成盆栽花卉，是了不起的成就。唯歐洲品種失去一般朱槿擁有的大花和耐熱的特性。在日本生產時，產品在七、八月不會開花，而且花朵比較小。因此臺、日合作的朱槿育種目標，主要是結合夏威夷品種群與歐洲品種群的優良特性；即創造出生長強健、多分枝、多大花、耐熱以及室內觀賞期長的朱槿品種。在獲得具有香味的種原 *Hibiscus waimea* 後，增加了香朱槿的育種目標。近年來又獲得花朵壽命 3 天以上的品種，又增加了花朵壽命長的育種目標。

二、雜交親本

植物的胚珠是否有活力，很難從外表型判斷。但是花粉是否有活力，觀察花粉管的生長速率，則很容易判斷花粉活力。由於朱槿是有兩性花的植物，因此花粉活力比較高的植株，推測其胚珠的活力也比較高。因此從花粉發芽率檢測的結果（圖 5-3），選出花粉發芽率在 10% 以上的 9 品種為授粉親本（圖 5-13）。其中 ‘0112’、‘Cadace’、‘Como’ 以及 ‘Canne’ 等大花品種屬於夏威夷品種群；其餘則為中、小朵花的盆花用品種（圖 5-13）。所育成的品種群稱為亞細亞風系列品種。香朱槿育種主要以亞細亞風系列的品種為種子親，*Hibiscus waimea*（圖 5-1）為花

圖 5-13　花粉活力較高的品種依發芽率高低，從左而右又由上而下，依序為：‘0112’、‘0146’、‘Cadace’、‘Como’、‘8159’、‘9202’、‘Canne’、‘0149’ 以及 ‘9115’。

粉親。壽命長的育種目標的育種方法，同樣是以亞細亞風系列的品種爲種子親，另外以丹麥 Graff Kristensen A／S 公司號稱花朵壽命 5 天以上（在臺灣只有 2-3 天）的 'Longiflora' 系列的 '阿多尼克—珍珠'（'Adonicus Pearl'）、與 '阿多尼克—暗'（'Adonicus Dark'）等爲花粉親。'Longiflora' 系列的品種除了花朵壽命長以外，還有巨大明亮的花朵的優良特徵（圖 5-14），但是花梗又細又長，常導致花朵下垂是重大的缺點。

圖 5-14 Graff Kristensen A/S 公司 Longiflora 系列的 '阿多尼克—珍珠'（左）與 '阿多尼克—暗'（右）。

三、雜交種苗生產

每年 11 月到翌年 4 月間，只要授粉後不會有夜間溫度低於 20℃的日子都可以進行雜交作業。雜交時先摘取已經開裂的花藥，直接將花粉塗滿種子親的柱頭，然後掛上標牌紀錄種子親與花粉親，以及授粉日期。三天之後，先去除子房上端殘餘的花柱然後在子房頂端塗上羊毛脂膏。

授粉後約 2 個月蒴果陸續成熟。蒴果剛裂開時，就必須摘下果實，以免得來不易的種子掉落。種子收穫之後，繼續曬乾種子，種子乾燥後將種子收集貯藏。待夜間溫穩定在 25℃以上時（約 4 月上旬），即可進行播種。播種前，種子先用粗砂紙磨，然後將種子浸泡水中 1 天，再播種於 128 格的穴盤中。種子在 1 週後陸續發芽，在苗株 3-5 片葉片時，種植於 3 吋花盆中。約 2 個月後，再移植到 5 吋花盆栽培。植株從移植到 3 吋花盆開始算起，約 4 個月後開始開花。

四、品種選拔

品種選拔可分爲植株選拔與營養系選拔，前者的栽培方式採用粗放栽培，以便早期能夠選出強健的植株；後者的栽培方式採用精緻栽培，使營養系能夠充分的顯現出其優良特性。

1. 植株選拔

朱槿病害鮮少發生，早期淘汰植株，都是在每次移植時進行。淘汰根系發育不良或植株生長遲緩的植株。植株開始開花就先挑出放置另外一區，以方便進一步的觀察。從穴盤移植到花盆 8 個月後，未開花的植株全部淘汰。開花的植株若有下列的情況，植株也一併淘汰。例如：植株開花時，植株的分枝差，側枝少於 3 枝者；或第一朵花後續的花蕾容易落花蕾，或沒有每一節都有花蕾，致使植株不能持續開花；或花梗細長，以致於花朵下垂者（圖 5-15）；或花朵直徑小於 10 cm 者；或花瓣薄或向後卷者（圖 5-15）；或花色混濁者等。

2. 營養系選拔

剪下選出植株的頂梢進行扦插繁殖，分別繁殖成營養系後進行營養系選拔。營養系選拔最重視品種未來在生產線上的表現。盆栽花卉多利用設施栽培，生產設備成本很高。因此單位面積的產能，是生產者選擇品種時考慮的因素。因此作物營養系的生長速率與整齊度，是很重要的特性。要在營養系選拔的過程中，首先淘汰不容易發根或發根不整齊的營養系。然後淘汰發育遲緩或參差不齊的營養系（圖 5-16）；以及植株形態過於高大或開張性的營養系。培育成產品後，還需測試產品在模擬運輸與模擬在市場上架時的表現。淘汰容易落葉、落花蕾的營養系。

圖 5-15　需淘汰花朵下垂的劣株（左）、與選出短花梗、花朵朝上且有多花蕾的植株（右）。

選出具有特色性狀的營養系，若與其他種苗公司的品種類似，則應做更詳細的比較試驗，確實優於現有品種的營養系，才能被選出（圖 5-17）。以中興大學亞細亞風系列的品種爲例，在當時選種的選拔率爲 1%。

圖 5-16　與其他營養系比較，圖中右下角的營養系發育遲緩且發育不整齊，必須淘汰。

3. 變異株的分離與選拔

品種在大量栽培的過程中，偶而會發現鑲嵌體的花朵，或者利用誘導植物變異的方法，促進發生變異然後再利用營養繁殖方法分離變異枝條，可以快速的育成新品種，以擴充其育種效益。然而誘導產生的變異也常有鑲嵌體。鑲嵌體需利用各種無性繁殖方法，例如扦插繁殖或組織培養繁殖方法，將鑲嵌體選拔成具有穩定性的表現型，才能成爲衍生品種。因此繁殖分離鑲嵌體與選拔穩定的表現型，需同時進行，即每繁殖一代營養系立即淘汰不需要的鑲嵌體，直到所有繁殖的植株表現型都一致，才能稱爲營養系有一致性（uniformity）（圖 5-18）。個體表現一致後，還需要繼續繁殖 3 代，若連續 3 代營養系的表現型都一致時才能確認衍生的營養系的遺傳性具有穩定性（stability）。營養系具有一致性和穩定性後，再依照前述第 2 項的選拔方法進行選拔，以確認新營養系有經濟價值成爲新的衍生品種。

圖 5-17 ‘火鳳凰’（上）類似 ‘Adonicus Orange’（下），但是前者花瓣較厚，開花第二天花瓣無瑕疵；後者花瓣邊緣開始凋萎。即新品種特性優於現有品種。

五、優良品種簡介

作者在朱槿育種工作上可分爲三個時期。茲分別將各時期育成品種的共同特徵即品種重要特性分述如下：

第一個時期（1998-）主要以荷蘭盆花用朱槿 Sunny City 系列的品種爲種子親，與美國庭園栽培用的品種爲花粉親，雜交開發出來的品種群。在日本此品種群以「亞細亞風系列」名（Asian Wind Series）上市，主要是強調品種的藝術風格與歐洲「Sunny City」系列品種不同。這系列品種的葉片和花朵比「Sunny City」系列品種大，花朵直徑 12-14 cm，花梗短，花朵朝上開或側開，花朵盛開時花瓣張開的角度約 135-150 度，花瓣邊緣波浪狀、花色明亮。在日本或南歐暢銷的品種有‘亞細亞紅寶石’（圖 1-5）、‘東方之月’（圖 5-19 左）、‘白天鵝’（圖 1-7）、‘艾密莉’、‘粉頰’（圖 5-19 右）、‘火

圖 5-18 朱槿‘亞細亞紅寶石’自然發生鑲嵌變異（左花），與經扦插分離純化後的黃花衍生品種‘亞細亞黃寶石’。

圖 5-19　亞細亞風系列的朱槿‘東方之月’（左）與‘粉頰’（右）。

焰’等。

第二個時期（2008-）主要以亞細亞風系列的品種爲種子親，與原生於夏威夷海拔 880-1320 m Waimea 峽谷地區的物種 *H. waimeae* 爲花粉親，雜交開發出來的品種群。原來的育種目標是開發具有香味的朱槿，但是由於香味的遺傳是由多基因所控制，因此雖然獲得一些有香氣的植株，但是香氣都不如 *H. waimeae*。反倒是由於 *H. waimeae* 的植株高大，花也很大，而且花朵壽命長達 1.5 天，因此雜交後代植株形態顯著比「亞細亞風系列」品種群的植株形態大。這些品種群在臺灣稱爲「太平洋系列」（Pacific Ocean Series）品種。這系列品種的葉片和花朵比「亞細亞風」系列品種大，花朵直徑 14-16 cm，花梗粗短因此花朵朝上開。除了紅色品種‘雷神’外花色都比較柔和。在臺灣、日本的暢銷品種有‘月光’、‘荷影’（圖 5-20）、‘雷神’、‘維納斯’（圖 1-3）等，其種子親分別爲‘京都’、‘艾密莉’、‘火焰’或‘粉頰’。

第三個時期（2014-）主要以丹麥盆花用、花朵壽命長的朱槿「Longiflora」系列的品種爲種子親，與「亞細亞風系列」品種爲花粉親，雜交開發出來的品種群。育種目標當然是要創造花朵壽命長的品種，因此命名爲長壽系列（Long Life Series）。這系列品種的葉片和花朵，類似「亞細亞風系列」的品種，唯花朵壽命爲 2-3 天，新育成的品種有‘黃琉璃’、‘長紅’（圖 5-21）、‘火鳳凰’（圖 5-17）。

圖 5-20　太平洋系列朱槿品種，'月光'（左）與'荷影'。

圖 5-21　長壽系列朱槿'黃琉璃'（左）與'長紅'（右）。

參考文獻

丁川翊。2004。朱槿雜交育種之改進。國立中興大學園藝系研究所碩士論文。95 頁。

郭姿吟。2012。利用香木槿培育香朱槿盆花。國立中興大學園藝系研究所碩士論文。51 頁。

Kepler. A. K. 1998, Hawaiian Heritage Plants. 240pp. University of Hawai'i Press.

致謝

本章之完成，要感謝日本華金剛株事會社落合成光社長贈送育種材料與資金開啓朱槿育種契機，並隨時提供市場資訊，使育種工作沒有脫離市場需求。丁川翊同學解開朱槿不容易結果之謎。吳俊瑤同學和郭姿吟同學利用香木槿（*Hibiscus waimeae*）育成大花香朱槿品系。周盈甄小姐則利用丹麥 Longiflora 系列品種育成多天花期的品種。

CHAPTER 6

無刺麒麟花之育種

麒麟花原生於非洲東岸的馬達加斯加島，植株對環境的適應力強，因此從海岸沙質地到高山叢林都可發現麒麟花的分布。相傳耶穌受難時，頭上所帶的荊棘王冠就是麒麟花的枝條編織成的，因此麒麟花的英文名爲「Crown of Thorns」。由於植株的莖幹上多刺，生長強健且耐旱，常被利用爲綠籬作物；又因花期長久，也被利用爲花壇作物。可惜花色只有紅色、橙紅色、粉紅色及白色，限制了其利用範圍。

麒麟花自 1868-1869 年引進臺灣後即普遍栽培於全島。在 1980 年代，又從丹麥引進了紅、粉紅、黃白三色的盆花品種。這三品種的植株形態緊實、分枝多、終年開花。雖然當時宣稱植株莖幹上的刺是軟質的，但是後來在臺灣栽培的這三品種，刺的性狀如同於早期引進的品種，都有堅硬、尖銳的刺。因此這些麒麟花並未被普遍利用，只限於庭園中有少量栽培。近年來泰國的八仙花品系之大花麒麟花蓬勃發展，從 2003-2005 年，泰國的年外銷量成長 3 倍，每年有 180 萬株以上的外銷實績。臺灣的花卉業者也自泰國引進大花麒麟花，可惜這些大花麒麟因爲分枝少，容易落葉，而且莖幹有又大、又多、又尖銳的刺，讓許多消費者卻步，因此市場占有率反而比小花麒麟小。

二十一世紀有許多熱帶多肉植物相繼被開發成世界性的重要盆花，如蝴蝶蘭、長壽花、觀賞鳳梨等。麒麟花也是熱帶多肉植物，筆者在 2004 年到荷蘭、丹麥考察花卉產業時，開始注意到麒麟花盆花這個新作物。若能開發出無刺、或有軟質、不傷人的刺，應該也可以成爲受歡迎的盆花。因此 2007 年即開始著手收集與麒麟花同屬，但是爲無刺的近親緣物種，並以育成無刺的麒麟花爲目標進行育種。獲得第一株種間雜交的無刺麒麟花植株後，2008 年秋特別利用臺泰農業交流的機會，考察泰國大花麒麟花的產業，更確信開發無刺的大花麒麟花的工作，將是臺灣進入國際花卉市場的敲門磚。雖然目前育成的大花麒麟，莖幹上仍有軟質的刺，但是新品種已經在日本上市，且在 2017 年東京花卉展（Tokyo Flower Expo；TFEX）獲獎。

第一節 麒麟花的起源及其育種史

麒麟花（*Euphorbia milii* Des Moulins）爲大戟科大戟屬的物種。物種的學名是在1826年由Charles des Moulins命名。依據Dicotyledon的紀載，現有麒麟花共有11個變種，分別爲*E. milii* var. bevilaniensis，*E. milii* var. hislopii，*E. milii* var. imperatae，*E. milii* var. longifolia，*E. milii* var. milii，*E. milii* var. roseana，*E. milii* var. splendens，*E. milii* var. tananarivae，*E. milii* var. tenuispina，*E. milii* var. tulearensis，以及*E. milii* var. vulcanii。但是其中的*E. milii* var. imperata並未依植物命名法則正式命名。這些變種分布的範圍很廣，從海岸邊到高山上都有；植株高度的變化約50-200 cm；莖上都布滿了刺，葉片皆爲披針形，總苞分別有紅、黃、或白色。早期栽培的麒麟花都是這些變種及其自然雜交的後代。

有關麒麟花育種的紀錄，始於1950年代美國加州大學從馬達加斯加島引進一批品種，和具有大苞葉的*E. milii* var. *hislopii*，以及多分枝的*E. pediianthoides*作爲育種材料。之後這些材料分送給E. Hummel。E. Hummel利用加州大學的材料再加入白花虎刺梅（*E. lophogola*）爲親本，育出苞葉較大的品種販售，可惜都未正式發表。後來這些較大苞葉的品種被稱爲加州品系（California Group）的大花麒麟花（*E. lomi*）。

西元1959年，W. Rauh從馬達加斯加島Tolanars南邊的多凡堡（Fort Dauphin）收集了一批麒麟花（*Euphorbia milii*）與白花虎刺梅（*E. lophogola*）的自然四倍體的雜交種群，並於1979年將這群雜交種命名爲*E. lomi*。其種名（*lomi*）取自兩個親本的物種名（*lophogona*和*milii*）前兩字母合成。這些雜種品種群的植株的莖細長，且葉片較小，與加州品系的大花麒麟形態差異很明顯。由於這些大花麒麟被種在德國海德堡（Heidelberg）大學的植物園內，故被稱爲海德堡品系（Heidelberg Group）。

而後泰國育種者由海德堡品系發展出花序排列如八仙花的八仙花品系（Poysean Group）。可惜品種的親本都不明確。不過，從植株的特性觀察，此系列的品種也有加州品系和*E. milii* var. tananarivae等的特徵。在泰國有許多麒麟花的育種者，每年也有舉辦麒麟花的比賽，品種非常多約有 2000 品種以上。這一點很像臺灣早年的蘭花比賽，買賣多爲業餘栽培者因此市場不大。其他有紀錄的麒麟花雜交很少，只發現 N. Wong 曾將具有標準株形的 *E. milii*（有刺的母本），與匍匐性植株的 *E. decaryi* var. spirosticha（無刺的父本）雜交，獲得半匍匐性的子代；子代植株上的刺，也變成比較無傷害性的鋸齒狀刺或毛狀刺。另外 *E. milii* 與 *E. moratii* 雜交，得到葉片有雜色斑的 ‘Hawaii’ 品種。

麒麟花的生殖生理與花器構造

一、麒麟花的開花光週期反應

麒麟花是栽培在日長週期比較短的環境下才能開花的作物。每物種或品種開花所需求的每日黑夜最少的時數不同，因此在臺灣有週年開花的品種，也有 11 月以後才能開花的品種。不過可以週年開花的品種，在溫帶地區（例如日本）有可能夏天仍然不會開花。由於盆栽花卉最好能夠週年生產，因此開發麒麟花品種儘量選擇可以週年開花或早開花的品種作爲育種親本。

二、麒麟花適當的授粉時機

葛洛蒂麒麟與塔里優安那麒麟的花粉，在 25-30℃的環境花粉發芽率都超過 30%；麒麟花 ‘Olympus’ 則是在 20-25℃的環境花粉發芽率超過 30%。但是美樂蒂麒麟只有在 25℃的環境花粉發芽率達 16%，其他溫度環境下花粉發芽率都不到 1%，因此 25℃的環境最適於麒麟花授粉。在臺灣 3-5 月是麒麟花最佳的授粉季節。

三、麒麟花的花器構造

麒麟花與聖誕紅同樣是大戟科的植物，因此花器中無花萼、也無花瓣。花器中類似花瓣的兩片心型片狀物是苞片。大戟花序中央有圍成一圈的 5 個黃色或橙紅色的蜜腺，開花時雌蕊的 3 支花柱集成一束，從腺體的中心穿出（圖 6-1）。當 3 花柱分成 3 分叉且柱頭也分成 2 分叉時，柱頭上會分泌黏液，此時為授粉時機。柱頭下方分別有淡紅色花柱、與綠色的子房。子房旁邊有一支綠白色的花絲，其頂端白色點是發育未完成的花藥（圖 6-1）花絲在柱頭凋萎之後才會逐一穿出環狀排列的腺體環的水平面，然後花藥成熟開裂。因此麒麟花屬於異花授粉的植物，在自然環境若無昆蟲授粉是不會結種子的。

雌花接受花粉後柱頭會再閉合凋萎，約一星期後可以觀察到子房肥大並且從兩片苞片中間突出腺體環（圖 6-2）。果梗比較長的物種果實發育的過程類似聖誕紅果實，即蒴果突出腺體環之後，果實先下垂，成熟時再朝上。果實約在授粉後 2-5 星期後成熟開裂。果實成熟所需的時間依品種與季節而有差異，四倍體植株的果實成熟所需的時間比較久，低溫期授粉所結的果實成熟所需的時間也比較久。

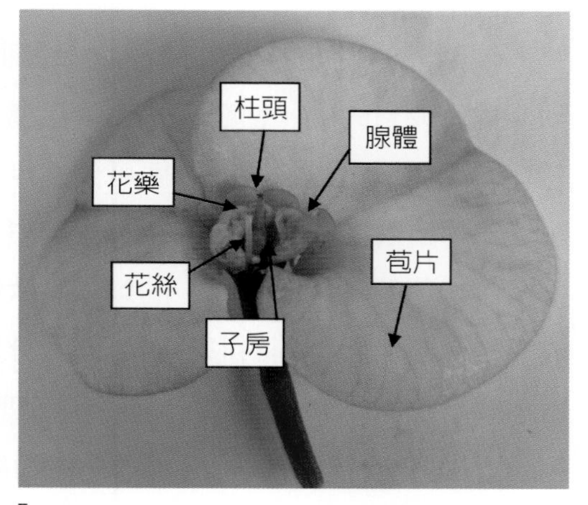

圖 6-1　麒麟花解剖圖。似花瓣的粉紅色是苞片，中間有 4 個黃色（有一個脫落）的蜜腺，中心一點紅色是未成熟的柱頭，其下方分別有淡紅色花柱、與綠色的子房。子房旁邊有一支綠白色的花絲，其頂端白色點是發育未完成的花藥。

圖 6-2　葛洛蒂麒麟的蒴果已經全部突出環狀排列的腺體。

第三節 麒麟花的刺形態及其遺傳

麒麟花的刺是托葉的變形物，因此每葉柄的基部兩側會有成對的刺。麒麟花是大戟亞屬（*Lacanthis*）的物種，此亞屬物種托葉的形態可分爲無托葉（刺）的塔里優安那麒麟（*E. tardieuana*）（圖 6-3），與刺狀的托葉，例如麒麟花（*E. milii*）的刺。刺狀的托葉又可以分成六種刺的形狀。刺的形狀由小而大分別爲：例如葛洛蒂麒麟（*E. geroldii* Rauh）、或葛洛蒂麒麟（*E. geroldii* Rauh）與麒麟花（*E. milii*）雜交種的細鋸齒狀的刺，如麒麟花 'Olympus' 的多刺尖的刺，如八仙麒麟 'Supo Roek' 的單一大刺，如虎刺梅（*E. lophogona*）的掌狀的刺，以及如 *E. viguieri* var. ankarafantstensis 的樹狀的刺等。

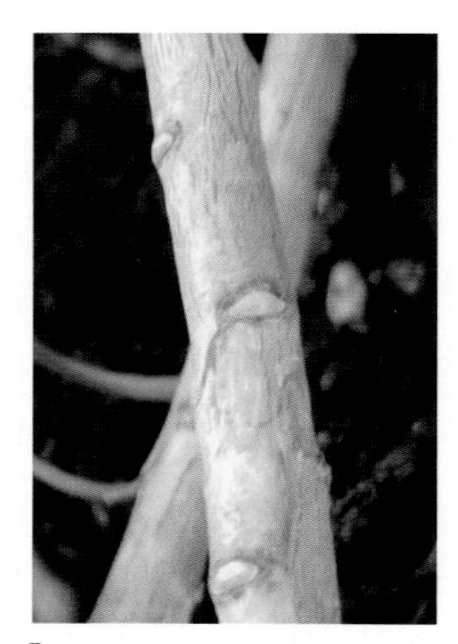

圖 6-3　塔里優安那麒麟（*E. tardieuana*）的枝條完全無刺。

經由親緣分析：麒麟花的祖先是來自馬達加斯加島大戟亞屬的物種，這些大戟亞屬的物種的枝條上沒有明顯的刺，例如葛洛蒂麒麟（*E. geroldii* Rauh）只有小細刺（圖 6-4）。現代的小花麒麟花雖然是由有單一刺的 *E. milii* 發展出來的品種，但是大部分品種的刺，多爲多刺的形態，可能是在品種發展的過程中，曾與具有多刺的 *E. milii* var. roseana 變種雜交。另外，八仙麒麟花（*E. lomi*）是麒麟花（*E. milii*）與虎刺梅（*E. lophogona*）自然雜交產生的二元四倍體植物。現代的八仙麒麟花品種具有多種形態的刺。

麒麟花不容易得到種子，因此很難有足夠的植株數量的族群可以分析了解有關刺的遺傳性狀。中興大學進行麒麟花的育種工作 8 年，也只能從雜交後代植株刺的表現做一簡單的推測。例如葛洛蒂麒麟（*E. geroldii* Rauh）或塔里優安那麒麟（*E. tardieuana* Leandri）自交，前者的子代植株都有鋸齒狀的刺；後者的子代植株都無刺；但是 *E. milii* 'Olympus' 自交後的子代，植株刺的表現，不只刺的分布不同，多刺上的小刺數量也不相同；很顯然葛洛蒂麒麟（*E. geroldii* Rauh）或塔里優安那麒

圖 6-4　葛洛蒂麒麟的細鋸齒刺（上左），麒麟花 'Olympus' 的多刺尖的刺（上中），八仙麒麟花 'Udom Sub' 的刺尖的刺（上右），雜種麒麟 '粉仙子' 的細鋸齒刺（下左），雜種麒麟 '黛玉' 的軟質多刺尖的刺。

麟物種有關於刺的遺傳質是同質結合（homogygous）的植株，*E. milii* 'Olympus' 的遺傳質是異質結合（heterogygous）的植株，而且刺的遺傳不是對偶基因的顯隱性遺傳，有可能是中間遺傳，或是多基因（polygene）遺傳。例如：麒麟花 'Olympus' 與塔里優安那麒麟雜交，後代植株上的刺比起麒麟花 'Olympus' 的刺少，刺的長度也比較短。麒麟花 'Olympus' 與葛洛蒂麒麟雜交，後代植株偏向於鋸齒狀的刺，而非偏向於 'Olympus' 多刺的形態，此現象有可能是因爲麒麟花是由葛洛蒂麒麟演化而來，因此雜交後代偏向於葛洛蒂麒麟的性狀；但是後代植株其鋸齒狀的刺，比原來葛洛蒂麒麟鋸齒狀的刺長度長，而且刺的長度並不一致（圖 6-5）。因此推測麒麟花的刺之遺傳屬於多基因遺傳。

若將有單一刺的八仙麒麟品種，例如：'Udom Sub'（US）、'Supo Roek'（SR）或 'Sri Aumphorn'（SA）與葛洛蒂麒麟（g）或 '粉仙子' 的四倍體變異株（PFm）雜交，得到的後代植株也都是有多刺的刺的植株，但是刺的長度與硬度變化很大。如圖 6-5 上排所示：同樣是與葛洛蒂麒麟雜交以 'Udom Sub'（US）爲種子親雜交，後代的刺爲軟質多刺尖的刺（圖 6-4 下中；圖 6-5 上左 1）；但是以 'Sri Aumphorn'（SA）爲種子親雜交後代的刺最長（圖 6-5 上右 1）。同樣與 '粉仙子' 的四倍體變異株（PFm）雜交，以 'Udom Sub'（US）爲種子親者，雜交後代的刺比較短（圖 6-5 左 2）；但是以）'Supo Roek'（SR）爲種子親雜交後代的刺比較長（圖 6-5 上右 2）。另外以 '粉仙子' 的四倍體的變異株與 SR 雜交或反向雜交，或將 SR/PFm 的後代植株相互雜交，或將 SA/g 再與 '粉仙子' 的四倍體變異株雜交，所得後代植株刺的表現如圖 6-5 下排的枝條所示。從以上雜交後代刺的表現可以歸納一個結果，就是「植株有關刺的遺傳質，含有來自葛洛蒂麒麟的短鋸齒刺的基因越多，植株的刺長度越短，刺的質地也越軟」。由此證明麒麟花之刺的遺傳是由多基因所控制。

圖 6-5　上排由左而右：US/g、US/PFm、SR/PFm、SA/g；下排由左而右：PFm//SR/PFm、SR/PFm//PFm、SR/PFm//SR/PFm2、SA/g // PFm。

第四節　麒麟花與無刺的近親緣物種之種間雜交

在大戟科大戟屬的物種中，形態類似麒麟花的近親緣的物種中，有許多具有軟毛狀的托葉或有容易脫落的短鋸齒托葉的物種，這些物種常被視爲無刺植物。中興大學花卉研究室所收集到的無刺麒麟花近親緣物種有：1. 旋轉型的皺葉麒麟（*E. decaryi* var. spirosticha Rauh & Buchloh）：爲原產於馬達加斯加島西南部的荊棘森林中的匍匐性植物，葉爲肉質批針形、向葉基縐縮且向右旋轉，苞葉肉質、橄欖色

（圖 6-6A）。2. 葛洛蒂麒麟（*E. geroldii* Rauh）：爲原產於馬達加斯加島西北部的雨林河岸的砂質地，植株爲灌木高度 2 m，葉爲墨綠色、有紅邊的革質葉片，托葉鋸齒狀，花紅色（圖 6-6B）。3. 美樂蒂麒麟（*E. millotii* Leandri）（圖 6-6C），以及 4. 塔里優安那麒麟（*E. tardieuana* Leandri）（圖 6-6D）。

圖 6-6　麒麟花之無刺近親緣物種。A：旋型皺葉麒麟（*E. decaryi* var. *spiosticha*）；B：葛洛蒂麒麟（*E. geroldii* Rauh）；C：美樂蒂麒麟（*E. millotii* Leandri）；D：塔里優安那麒麟（*E. tardieuana* Leandri）。

將麒麟花 'Olympus' 與塔里優安那麒麟雜交或反雜交，結果率分別爲 17.5 或 1%，收得種子分別爲 98 或 2 粒，播種後從雜交的種子得到 64 株子代植株，枝上都有單一的刺。麒麟花 'Olympus' 與美樂蒂麒麟雜交或反雜交，皆不結果。而麒麟花 'Olympus' 與葛洛蒂麒麟雜交或反雜交，結果率分別爲 4.3 或 0.2%，收得種子分別爲 4 或 1 粒，最後從正交種子育成 4 株具有短鋸齒狀的刺（表 6-1）。

表 6-1　麒麟花 ‘Olympus’ 與無刺近親緣物種正反交之結果與種子發芽

雜交組合	授粉花朵數	結果率	結種數	發芽數
‘Olympus’ × *E. tardieuana*	405	17.5	98	64
E. tardieuana × ‘Olympus’	87	1.0	2	0
‘Olympus’ × *E. geroldii*	94	4.3	4	4
E. geroldii × ‘Olympus’	501	0.2	1	0
‘Olympus’ × *E. millotii*	90	0	0	--
E. millotii × ‘Olympus’	264	0	0	--
E. tardieuana × *E. geroldii*	81	1.2	1	1

旋型皺葉花與葛洛蒂麒麟雜交的後代雖無刺，但植株仍爲匍匐性，花序花朵數少，且容易落葉，性狀不如旋型皺葉麒麟（圖 6-7A）。又以塔裡優安那麒麟與葛洛蒂麒麟雜交，授粉了 81 朵花只得 1 株完全無刺的後代，而此無刺的實生苗 5 年後才開花，花朵數極少，花也很小（圖 6-7B）。兩者皆無商品價值。

圖 6-7　麒麟花無刺近緣種之雜交後代。A：旋型皺葉麒麟與葛洛蒂麒麟雜交的無刺後代，B：塔里優安那麒麟與葛洛蒂麒麟的雜交後代

第五節　無刺麒麟花之育種

從麒麟花 ‘Olympus’ 與上述的無刺的麒麟花近親物種雜交，發現雜交的結果率越高，雜交後代莖幹上的刺明顯，例如與塔里優安那麒麟雜交；而雜交的結果率越

低的雜交組合，其雜交後代的刺長度越短也軟。因此假設「或許無刺的雜交後代都在種籽發育的過程中夭折，所以落果」。若無刺麒麟花育種改用未成熟胚芽培養技術培養未成熟種子，以增加雜交子代族群的數量，或許可以在子代族群中找到有軟鋸齒刺的植株。茲將未成熟胚芽培養方法以及選拔優良植株的方法簡述如下：

將葛洛蒂麒麟的花粉授粉在 'Olympus' 柱頭後 7-8 天，取下未成熟的蒴果，用 1% 次氯酸鈉（NaOCl）溶液震盪滅菌 3 分鐘，再用經過高溫滅菌過的無菌水沖洗 3 次，然後將未熟種子取出，培養於 1/2 濃度的 MS 配方培養基上。先進行 2 星期的暗培養，再移至 5 μ mol/sec m^2 每日 16 小時照光的光環境下培養，待植株長至 2 片葉時再移出瓶外栽培。

在栽培過程中先淘汰有刺（會傷人的刺）的植株，以及 8 月分以後才會開花的植株。植株開花後選拔分枝多，植株形態優美，且有許多大花的植株。選出的優良植株取其苞片未展開的花序，經用上述未成熟果滅菌相同方法滅菌後，培養於含 2 mg/l 甲苯胺（benzyl adenine）之 1/2 MS 培養基。從展開的苞片內側會伸出營養芽。將新芽培養在相同培養基進行營養系繁殖。從繁殖的叢生化的枝條切取 2 cm 長的新梢進行扦插，扦插枝條成活後進行營養系選拔。選拔過程中，淘汰植株發育遲緩，或植株發育不整齊，或不能週年開花的營養系。最後選出 '粉仙子'、'緋冠' 以及 '紅龍' 等三個無刺的麒麟花品種（圖 6-8）。另外

圖 6-8　麒麟花 'Olympus' 與葛洛蒂麒麟雜交育成的無刺麒麟花：'粉仙子'（左上）植株形態為緊密的圓錐狀；'緋冠'（右上）植株形態為開張形，花朵比 '粉仙子' 的花朵大；'紅龍'（左下）植株形態為直立型，花朵較小。三種品種都沒有雌蕊和雄蕊，刺為小鋸齒狀的刺，且容易脫落，可視為無刺。葛洛蒂麒麟與麒麟花 '丹麥白' 雜交，育成白花無刺的營養系（右下）。

陽昇園藝公司同樣利用未成熟胚芽培養的育種方法，以‘丹麥白’爲種子親，與葛洛蒂麒麟雜交，也育出白花的一些無刺的優良營養系（圖 6-8 右下）。

第六節　麒麟花種間雜種三倍體無刺品種之育成

大花麒麟花是自然雜交的二元四倍體，其花朵碩大，觀賞價值優於小花麒麟花。可惜大花麒麟花的刺比起小花麒麟花的刺，更大、也更爲尖銳，讓消費者不敢接觸。另外大花麒麟花分枝性不佳，也影響到植株的繁殖率很低。因此大花麒麟花雖然引進多年，一般花市仍不常見。因此在育成無刺麒麟花‘粉仙子’之後，接著開始開發大花的無刺麒麟。從本章第五節的內容發現：以塔里優安那麒麟或旋型縐葉麒麟爲親本，雜交後代的表現不如預期；而與美樂蒂麒麟雜交則毫無結果。因此開發大花無刺麒麟是以大花的泰國八仙麒麟花（*E. lomi*）的品種與美樂蒂麒麟、或葛洛蒂麒麟雜交，結果只有八仙麒麟花 ‘Red Giant’ 或 ‘Sri Aumphorn’ 與葛洛蒂麒麟雜交有收到種子。

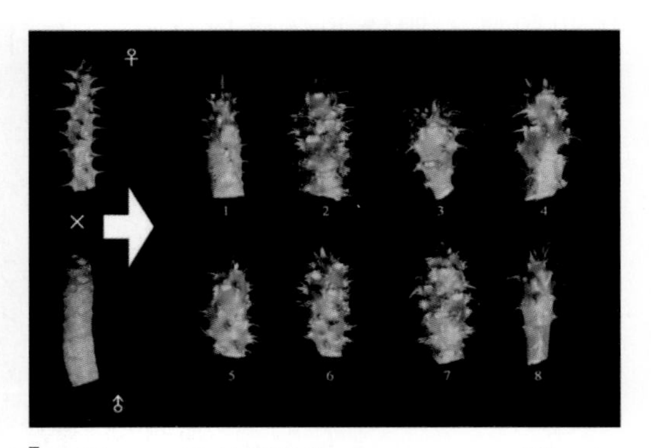

圖 6-9　八仙麒麟花 ‘Supo Roek’（雌；左上）與無刺的美樂蒂麒麟（雄；左下）雜交後代植株刺的表現。

從八仙麒麟花 ‘Supo Roek’（雌）與無刺的美樂蒂麒麟（雄）雜交後代的植株型態，每一植株都布滿堅硬且單一刺尖的刺，或且多刺尖的刺（圖 6-9）。而八仙麒麟花 ‘Sri Aumphorn’（雌）與無刺的葛洛美樂蒂麒麟（雄）雜交，後代植株刺的表現則有明顯的變小而且變軟（圖 6-10）。因此在爾後的種間雜交都只用葛洛蒂麒麟作爲育種材料。

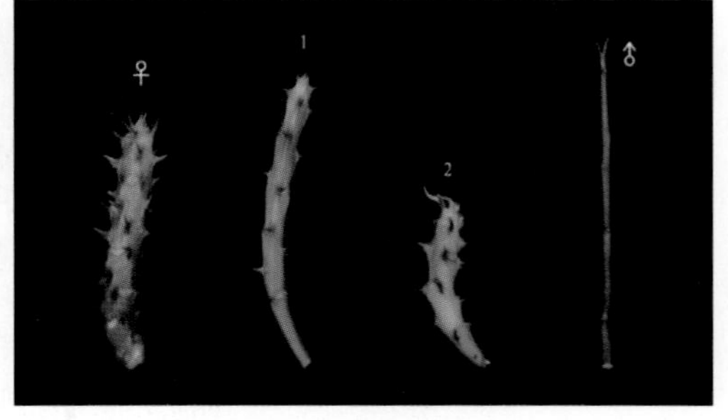

圖 6-10　八仙麒麟花 ‘Sri Aumphorn’（雌；左）與無刺的葛洛美樂蒂麒麟（雄；左）以及雜交後代植株刺的表現（中）。

早期在篩選八仙麒麟花作爲育種親本時，'Udom Sub' 的花粉發芽率低，而且授粉也都沒有結果，因此沒有考慮作爲育種親本。一直到 2013 年冬重新再檢測花粉活力時，才發現在低溫期間 'Udom Sub' 的花粉是有活力的，於是爾後以 'Udom Sub' 爲種子親的雜交都在冬、春季授粉。

鑒於'粉仙子'與'緋冠'之植株皆來自於未成熟胚芽培養得來的，因此將那些來自泰國的 *E. lomi* 品種，'Sonia'、'Udom Sub' 或 'Sri Aumphorn' 分別與葛洛蒂麒麟的後代（Sag）雜交，並且在授粉 17 天之後取下未成熟胚芽進行無菌培養。最後種子親爲 'Sonia' 的雜交沒有後代。種子親爲 'SAg' 者得到兩株後代，後代植株的刺都屬於多刺尖的刺，而且刺的質地是軟質的，刺尖不會傷人。種子親爲 'Udom Sub' 者獲得 8 株後代（表 6-2），後代植株的刺都屬於鋸齒狀的小刺，且容易脫落，因此可視爲無刺的植株。最後在三倍體無刺麒麟花的育種中選出'甜心'品種。此品種苞葉的大小介於二倍體與四倍體之間。苞葉心形、純白色，苞葉邊緣有粉紅色邊（圖 6-11）。

表 6-2　E. lomi / E. geroldii 未成熟種子培養之結果

E. lomi 品種	授粉數	培養為成熟種子數	育苗數	成功率（%）
'Sonia'	50	8	0	0
'SA'	81	23	2	2
'Udom Sub'	166	30	8	5
總數	297	61	10	2

圖 6-11　三倍體無刺麒麟花'甜心'。

第七節 麒麟花種間雜種四倍體無刺品種之育成

理論上育成四倍體無刺的大花麒麟花的方法，可以利用秋水仙素處理，直接將無刺的二倍體麒麟花誘導變異成爲四倍體植株。另一種方法是先將葛洛蒂麒麟利用秋水仙素處理，誘導變異成爲四倍體植株。茲將誘導四倍體植株的方法簡述如下。

一、製備秋水仙素的膏劑

先用適量酒精溶解秋水仙素，然後將定量羊毛脂利用隔水加熱方法加熱到56℃，使羊毛脂融解成液體狀，再依所需要濃度倒入定量秋水仙之酒精溶液，持續攪拌使兩種溶液混合均勻，並讓酒精完全蒸發後冷卻備用。（配製成 1% 或 2% 秋水仙素的羊毛脂膏劑，是指 100 公克的羊毛脂含有 1 或 2 公克的秋水仙素，配製過程中酒精的重量不予計算。）

二、利用秋水仙素誘導枝條發生變異

將含有 1% 或 2% 秋水仙素的膏劑，直接塗抹在麒麟花的葉腋，然後將枝條頂端剪除，以促進塗抹過羊毛脂的腋芽發芽。

三、四倍體枝條之檢測以及分離

觀察從處理秋水仙素的腋芽長出的新梢，並選出疑似多倍體之變異枝條。例如葉片變寬、葉片的厚度變厚、或葉尖變寬，或用顯微鏡觀察葉片背面的氣孔，若氣孔保衛細胞變大則更有可能爲多倍體的枝條。從疑似多倍體的新梢切取葉片，並利用流式細胞儀檢測變異枝條與原母樹的 DNA 相對量確認爲多倍體。再利用各種營養繁殖方法，將已經確認爲多倍體的枝條分離成多倍體營養系。最後評估多倍體營養系是否能成爲新的衍生品種，或經花粉活力檢測後評估是否可作爲育種親本。

種間雜交的雜種麒麟花‘粉仙子’的大戟花序未曾發現有雌花或雄花，因此不能作爲雜交育種的親本。將‘粉仙子’利用秋水仙素誘導變異後，疑似四倍體植株共有 13 株。很可惜植株型態與‘粉仙子’的型態差異不大，因此不被當作衍生品種。然而很幸運的由‘粉仙子’誘導變異出的四倍體植株，有部分植株的花序恢復成具有正常的雄花和雌花的花序（圖 6-12），而且雄花有正常的花粉，雌花也可以在自然環境下結果（圖 6-13 右上），可以再利用作爲多倍體育種的材料。

圖 6-12 ‘粉仙子’（左植株）經秋水仙素誘導變異，從變異枝條分離得到一些已經恢復結實能力的植株（右植株）之花器形態。

爲了確認疑似四倍體植株可以結種子，將每株疑似四倍體自交，並將所得的種子播種，結果只有 6 株疑似四倍體植株其自交的種子可全部發芽。經流式細胞儀檢測證明‘粉仙子’101-MC01 變異株自交後的子代 02 植株（圖 6-13）爲四倍體植株。另外由於利用葛洛蒂麒麟子葉期的種苗，所誘導的疑似四倍體植株不容易開花（可能都是不整倍數體的植株），因此四倍體無刺品種麒麟花的育種，只利用，‘粉仙子’101-MC01，自交後的子代 02 的四倍體的變異株作爲花粉親，與來自泰國的四倍體八仙麒麟品種及其雜交後代爲種子親進行雜交。

1. 三葉草、粉仙子
有稔性

	Gain	Speed	Mean	Medium	相對 DNA 含量
三葉草	443	0.4	52.55	51	2
粉仙子	443	0.4	80.57	78	

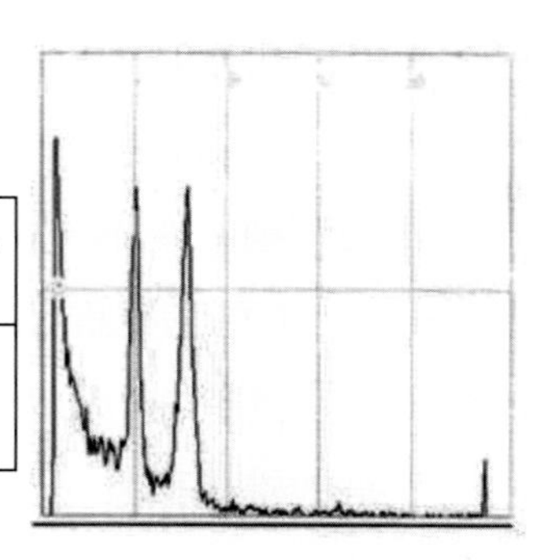

2. 三葉草、粉仙子 100-MC01
有稔性

	Gain	Speed	Mean	Medium	相對 DNA 含量
三葉草	457	0.4	53.51	51	2.86
MC01	457	0.4	85.6	84	
MC01（No2 峰）	457	0.4	117.45	115	

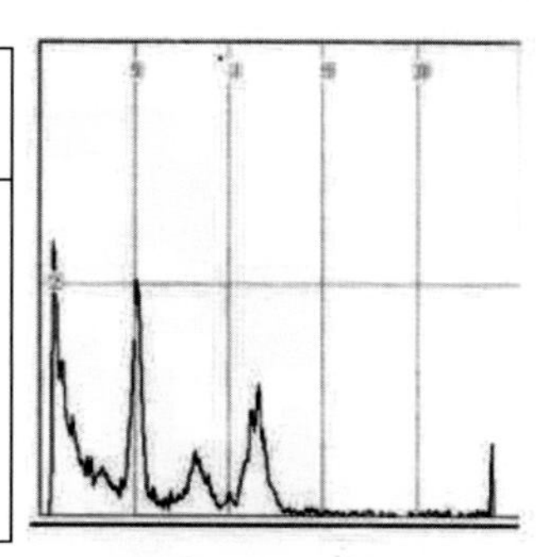

3. 三葉草、粉仙子 101-MC01⊗-1
無稔性

	Gain	Speed	Mean	Medium	相對 DNA 含量
三葉草	453	1.0	50.80	48	3.85
MC01⊗-1	453	1.0	150	150	

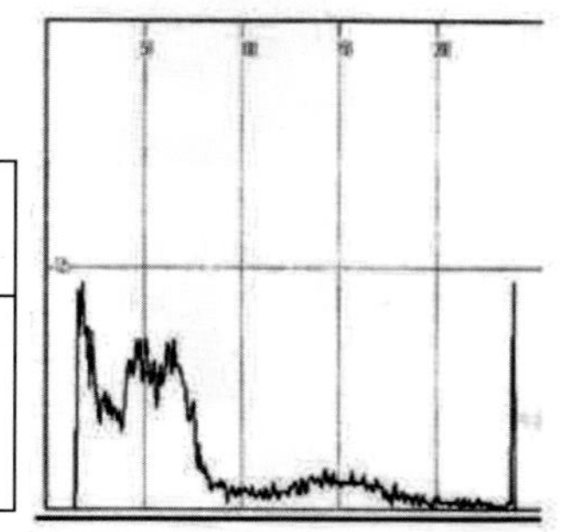

4. 三葉草、粉仙子 101-MC01⊗-2
有稔性

	Gain	Speed	Mean	Medium	相對 DNA 含量
三葉草	450	0.4	56.77	55	3.92
MC01⊗-2	450	0.4	170.72	167	

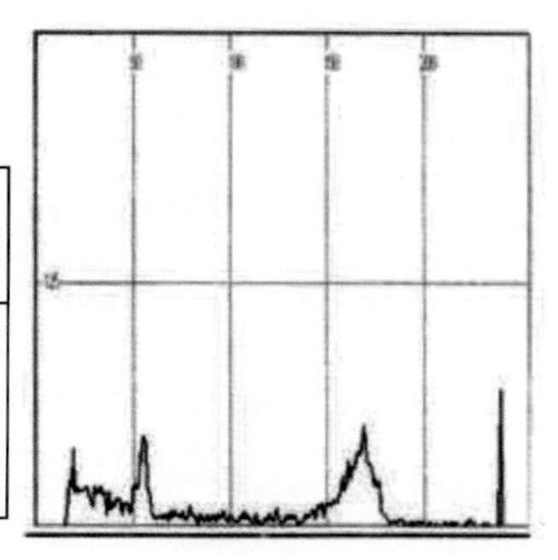

圖 6-13 利用流式細胞儀檢測‘粉仙子’及其變異株之 DNA 相對量：1. 二倍體；2. 不整三倍體；3. 不整四倍體；4. 四倍體。

四倍體的‘粉仙子’變異株與八仙麒麟 ‘Sonia’ 或 ‘Udom Sub’ 雜交，都沒有收到種子，與 ‘Sri Auphorn’ 或 ‘Sri Auphorn/g’ 雜交，雖然有收到種子，但是種子不發芽與 ‘Red Giant’ 或 ‘Supo Roek’ 雜交，果實分別在授粉 34 或 24 天後成熟，分別得到 2 粒，或 350 粒種子。種子播種後，前者得到一株具有軟質刺的植株；後者得到 319 植株，但是每株都是具有硬質單一刺的植株（表 6-3）。

表 6-3 *E. lomi* 品種（品系）與‘粉仙子’誘變株雜交，獲得種子和成功育苗之數量。

E. lomi	授粉數	種子成熟所需天數	收穫種子數	育苗數
‘Red Giant’	17	34	2	1
‘Sonia’	10	---	0	0
‘Sri Auphorn’	177	33	19	0
‘Sri Auphorn/g’	59	39	2	0
‘Supo Roek’	474	24	350	319
‘Udom Sub’	77	---	0	0
總數	836	---	373	320

註：‘Sri Auphorn’/g 是 ‘Sri Auphorn’ 與 ***E. geroldii*** 雜交後代之優良選株。

由於八仙麒麟果實成熟所需的時間因品種而異，約在授粉後 24-39 天（表 6-3）。從培養聖誕紅未成熟種子來拯救胚芽的經驗得知：為了拯救發育即將失敗的種子，培養未成熟種子的最佳時機，是在球形胚期的胚芽轉變為心臟期的胚芽時，此時期約是在果實發育的中期。因此將培養麒麟花未成熟果的時間點設定為授粉後的第 13-17 天。

從表 6-4 的結果會發現：八仙麒麟 ‘Red Giant’ 與‘粉仙子’變異株雜交，授粉後 17 天培養未成熟種子的育苗率，為授粉後 13 天培養未成熟種子的育苗率的 2.2 倍。反之八仙麒麟 ‘Udom Sub’ 與‘粉仙子’變異株雜交，授粉後 13 天培養未成熟種子的育苗率，為授粉後 17 天培養未成熟種子的育苗率的 4 倍；授粉後 15 天培養未成熟種子的育苗率，為授粉後 13 天培養為成熟種子的育苗率的 2.8 倍。又八仙麒麟 ‘Sri Auphorn’ 與‘粉仙子’變異株雜交，果實成熟所需天數 33 天曾收獲 9 粒種子，可惜播種育苗沒有成功。但是利用授粉後 17 天的未成熟種子進行無菌播種，未成熟種子的育苗率達 16%（表 6-4）。

表 6-4 *E. lomi* 品種與'粉仙子'變異株雜交，授粉不同天數後培養未成熟種子之育苗率。

E. lomi	授粉數	授粉後天數進行培養	培養為成熟種子數	育苗數	每百授粉能育成的植株數
'Red Giant'	39	13	37	6	15
'Red Giant'	64	17	61	21	33
'Udom Sub'	50	13	67	10	20
'Udom Sub'	83	15	84	12	14
'Udom Sub'	86	17	60	4	5
'SAg02'	86	17	47	14	16
總數	408	---	356	67	16

無論是播種或無菌播種的苗株，在栽培期間隨時淘汰具有的托葉爲硬刺的植株。留下的植株開花後，再比較植株的形態，選出株形緊密、多分枝、多花、花色鮮艷的優良植株，然後取苞片未展開的花蕾爲培植體，進行培養繁殖。營養系選拔的重點有：容易繁殖，生長快速而整齊，且能夠週年開花。

最後從八仙麒麟 'Udom Sub' 與'粉仙子'變異株雜交的後代，選出枝條的刺屬於軟質的麒麟花有'黛玉'和'翠玉'（圖 6-14）以及'巧玉'、'妙玉'等。'黛玉'的苞片中心爲白色，紅色則從中心向邊緣逐漸暈染加深；'翠玉'苞片黃白色，苞片邊緣有粉紅色滾邊。以及'巧玉'、'妙玉'等另外的'寶釵'品種則是從 'Sri Auphorn' 與 *E. geroldii* 雜交的後代，再與'粉仙子'變異株雜交的後代選出的。'寶釵'的苞片顏色爲紅色（圖 6-15）。

'妙玉'在生產過程中曾發現花朵的苞片爲粉紅色的變異枝條，利用花蕾培養方法已經分離成穩定的開粉紅色花的'妙玉一粉'品種（圖 6-16）。另外'巧玉'也發現苞葉粉紅色邊緣出現橘紅色條斑或塊斑的變異。需要再經過多次的無性繁殖分離，待植株開花表現一致且穩定時，才能成爲新的衍生品種。

圖 6-14　從八仙麒麟 'Udom Sub' 與'粉仙子'變異株雜交的後代選出的四倍體軟刺品種'黛玉'（左）與'翠玉'（右）之商業生產。

圖 6-15　從 'Sri Auphorn' 與 *E.geroldii* 雜交的後代，再與'粉仙子'變異株雜交的後代選出的'寶釵'品種。

圖 6-16　從'妙玉'變異枝條分離出來的衍生品種'妙玉一粉'。

參考文獻

卜莎蒂。2008。麒麟花利用花序培殖體之微體繁殖。國立中興大學園藝學研究所碩士論文。66 頁。

吳俊瑤。2009。無刺麒麟花育種。國立中興大學園藝學研究所碩士論文。58 頁。

洪若玫。2013。大花麒麟與無刺麒麟‘粉仙子’秋水仙素誘變株之雜交。國立中興大學園藝學研究所碩士論文。54 頁。

陳俊源。2012。麒麟花種間雜交及多倍體誘導。國立中興大學園藝學研究所碩士論文。67 頁。

致謝

本章之完成，要感謝吳俊瑤同學育成第一株的無刺麒麟花‘粉仙子’，陳俊源同學將‘粉仙子’四倍體化，並選出具稔實能力的四倍體‘粉仙子’植株，洪若玫同學進行大量的雜交工作，找到能夠獲得軟刺的大花麒麟花（*Euphorbia lomi*）的關鍵親本，也要謝謝卜莎蒂同學開發麒麟花的花序培養技術，縮短了營養系繁殖的時間。

CHAPTER 7

九重葛育種

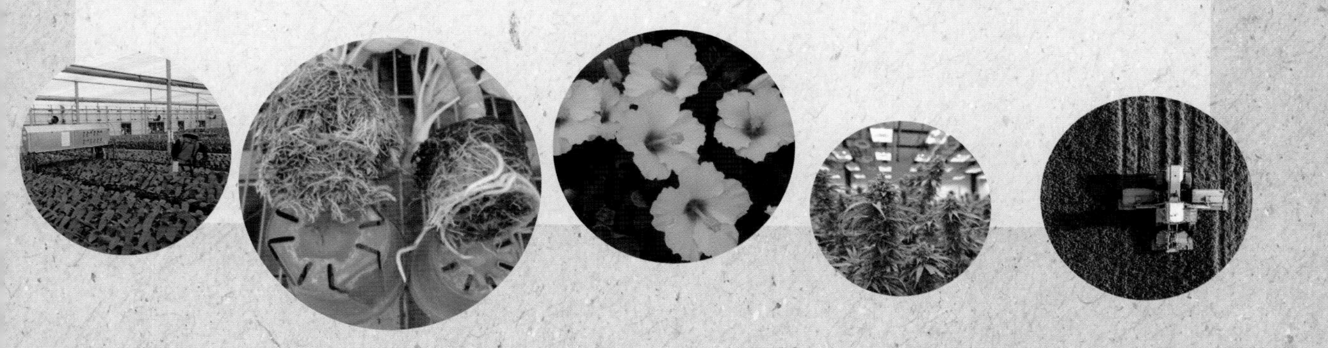

九重葛（*Bougainvillea* spp.）屬共有十八種物種，以及超過三百種的變種，爲紫茉莉科之多年生的木本花卉，原生於南美洲，因此又被稱爲南美紫茉莉。由於所觀賞的每一朵花，事實上是由三片苞葉和三朵花所構成呈三角形的花序，因此又被稱爲葉子花或三角梅；又苞片爲紙質的半透明薄片，因此英文名字被稱爲紙花（paper flower）。

九重葛由於風土適應性強，花期長、花色豔麗而多樣化，廣泛栽培於熱帶以及亞熱帶地區。花色除黑色、灰色和藍色沒有外，其餘色系皆有，也有單株開出兩種花色花的品系存在，是非常重要的觀賞花木。西元 1872 年由加拿大基督長老教會傳教士馬偕博士（Dr. George Leslie Mackay）將九重葛從英國引進臺灣栽培。日治時期西元 1901 年日本人田代安定再從日本引入許多品種，普遍作爲綠籬或綠廊作物。近年來花卉業者也陸續從東南亞各國引進新品種，利用嫁接和整枝的技術將九重葛作爲整形的庭園木或盆栽花卉。在臺灣大多數品種的九重葛的盛花期集中在氣溫較低的 10 月至翌年 4 月。同一植株在這段涼溫的六、七個月盛花期中並非一直開花，而是每次的盛花期過後，隔一段時間再重新抽出新梢，進入下一次的盛花期，但每次盛花期的間隔長短，受植株健壯程度影響。

在自然界，*Bougainvillea* 屬物種有許多變異的植株，事實上目前世界花卉市場上的九重葛品種，大部分也都來自於少數的實生品種的變異植株。雖然九重葛的原生種在原生地偶有自然雜交種的出現，但是在一般栽培上鮮少看到植株結種子，而且針對九重葛生殖生理的資訊也很少，所以大多數人認爲雜交種或栽培種的九重葛不會結種子。因此本章先探討九重葛生殖生理，期能了解九重葛有性生殖之適當環境條件，再建立九重葛雜交育種方法來開發新品種。

第一節 九重葛的發展史及其物種

一、九重葛的發展史

1. 九重葛的物種及其自然雜交種的發現

P. Commerçon 和 L. A. de Bougainville 於西元 1768 年在巴西的里約熱內盧（Rio de Janeiro）發現這種植物。西元 1789 年，A.L. de Jusseau 首次以「*Buginvillea*」作爲屬名，發表在 Genera Plantarium 雜誌。這個屬的名字曾有多個不同的版本，最後在 1930 年代才在 Kewensis 植物索引中統一確定屬名爲「*Bougainvillea*」。第一個被利用爲園藝栽培的物種是 *B. spectabilis*，在 19 世紀初被引入歐洲和英國。隨後，*B. glabra* 也成功被引入歐洲國家。*B. spectabilis* 和 *B. glabra* 在形態上非常難分辨，直到 1849 年，植物學家 Choisy 和 Heimerl 才確定他們爲不同的物種。兩物種經由英國皇家植物園（Kew Garden）大量繁殖植株後，傳到各地的英國殖民地栽植。西元 1808 年 *B. peruvinan* 被 Humboldt 在祕魯發現並命名，但一直到 20 世紀初這個粉紅色花的物種才又被報導，並從厄瓜多引入西班牙栽培。在 19 世紀中葉，R.V. Butt 在地中海的西班牙 Cartagena 港口，發現了深紅色的九重葛新種，並命名爲 *B. buttiana*。後來 S. C. Harland 用 *B. glabra* 的一個變種和秘魯的當地粉紅色品種雜交證實 *B. buttiana* 爲 *B. glabra* 或 *B. peruvinan* 的自然雜交種。

2. 開放授粉及其選種

在西元 1930 年代，由於 *B. spectabilis*、*B. glabra* 和 *B. peruvinan* 三種九重葛大量密植在一起，在東非、印度、美國、澳洲、加那利群島和菲律賓都有發現很多雜交種，這些自然雜交種出現了許多中間型的性狀。無論是從 *B. spectabilis* 或 *B. glabra* 採集的種子，子代植株的苞片顏色、大小和形狀都有相當大的變異，且葉和花被上多有絨毛。西元 1950 年代，南非的 William Poulton，將 *B. spectabilis*、*B. glabra* 以及 *B. peruvinan* 三個物種栽培在一起，獲得許多自然實生苗，並曾選出漸層粉紅色苞葉的新形態的品種 ‘Natalii’，以及深紅色的重瓣品種 ‘Wac Campbell’。

在當時，世界其他各地也有許多人以相同的方法進行育種。換言之，開放授粉是九重葛最主要的雜交育種方法。

3. 誘變育種

西元 1970 年代，位於印度 Lucknow 的國家植物研究中心，用多倍體育種方法育成有稔實性的四倍體植株，並利用四倍體植株再得到許多四倍體品種，例如同一植株上同時會開紫紅色花和白色花的雙色品種 'Chitra'。西元 1980 年代後，泰國利用輻射線誘變育種方法育成新品種，平均每年約有 50 個新品種發表。而本來九重葛的自然變異也很普遍發生在每一品種，因此變異的衍生品種也是目前九重葛新品種的主要來源。

二、九重葛重要的物種及其自然雜交種的性狀

從前述九重葛的發展史可以知道現代九重葛來自於 *B. spectabilis*、*B. glabra*、*B. peruvinan* 等三物種，以及其自然變異種。茲將其特性分述如下：

1. *B. spectabilis*

九重葛屬中最早被發現（1768 年）、命名（1789 年）且被栽培利用的物種。這個種主要的特性爲：枝條茂密，枝條和葉背面有絨毛，葉片大、呈卵圓形，葉片和苞片的邊緣呈現波浪狀。苞片主要顏色爲紅色、深紫色或粉紅色，花瓣顏色爲乳白色。枝上的刺長度長，刺尖端會呈現倒鉤狀。花期集中在氣溫冷涼季節。

2. *B. glabra*

西元 1849 年以後才與前述物種區別爲不同品種，是攀爬能力強的常綠植物。幼年期的全植株或成年期的幼芽有絨毛外，全株光滑。葉爲全綠或斑葉有光澤。苞片富有變化，大小、形狀不一，常見的顏色爲紫色或紫紅色或白色，花瓣爲乳白色。短刺尖端倒鉤，全年有花。

3. *B. peruvinan*

西元 1808 年被發現於秘魯，是攀爬能力強的常綠植物。植株分枝少，呈細長

型，需要修剪來促進分枝。枝幹表皮綠色有短刺。葉片長卵圓形。苞片主要顏色爲粉紅色到深紅色，且常有扭曲及皺褶，花瓣爲黃色。一年可開花數次，長時間乾旱後再給予充足水分即可開花。

4. *B.* x *buttiana*

是 *B. glabra* 和 *B. peruvinan* 的自然雜交種。植株爲開張形，分枝性不佳。枝幹有短刺。葉片大多爲深綠色，呈卵形或心形，葉片上下表面略有細毛。苞片通常爲圓形，粉紅色或深紅色。花瓣顏色爲乳白色帶有粉紅色調。一年可開數次花。

5. *B.* x *spectoperuviana*

是 *B. spectabilis* 和 *B. peruvinan* 的自然雜交種。植株大且爲蔓性，刺是直的，全株無毛。葉片爲卵型，大且深綠色。苞片在發育早期爲銅紅色，隨著苞片的成熟，會轉變爲洋紅色或粉紅色。花瓣爲乳白色。一年可開數次花。

6. *B.* x *spectoglabra*

是 *B. spectabilis* 和 *B. glabra* 的自然雜交種，爲九重葛中最晚被發現的雜交種。植株分枝性良好，莖幹粗壯。刺多且彎曲，刺尖倒鉤。葉片小，深綠色。苞片爲淡紫色。花瓣爲白色。一年可開花數次。

影響九重葛開花的因子

九重葛原生於巴西或祕魯，因此在生態上，其開花反應有學者認爲是中性日照型植物。即花芽的形成屬於自發性誘導（self-inductive），花芽分化與光週期或溫度無關。只要莖的生長點中的碳氮比的比值達到一定的水準，植物生長就會趨向於生殖生長，即生長點開始花芽分化。但是也有學者認爲：九重葛的開花光週期反應屬於相對性短日週期的植物；栽培於日長週期較短的環境下，植株比較早開花，開花的節位數也較多。換言之，栽培於日長週期較長的環境下，植株比較趨向於營養生長，由於植物體內的碳水化合物支用於營養生長，致使生長點的碳氮比下降而不分化花芽。因此影響九重葛開花的主要因子在於植物體內的碳氮比比值。茲將影響植物體內的碳氮比變化的因素說明如下：

一、幼年性（juvenility）

九重葛爲木本植物。許多的木本植物在幼年期時，不論在任何環境或是用各種園藝栽培技術都無法使其開花，這種現象稱爲幼年性（juvenility）。幼年性時間的長短因作物種類而異，由幾天到幾十年都有。九重葛幼苗在自然環境下無法形成花芽，一般認爲有幼年性的存在。但九重葛幼苗處理植物生長抑制劑，例如好彩頭（PP-333），可以使子葉上的刺花序軸變成花芽、開花，因此九重葛應該沒有幼年性，九重葛幼苗不開花，應該是碳水化合物的累積未達到標準而不開花。

二、光合作用

以組織培養的方法將九重葛花序分別培養在以蔗糖、葡萄糖、或果糖爲碳源的培養基，結果以含葡萄糖或果糖的培養基能使花序發育較快，且小花數較多。即光合作用產物葡萄糖對九重葛的生殖生長非常重要。比較全日照或遮光環境下的葉片，前者的葉片葉綠素含量與植株醣類含量相對較高，葉綠素多可累積較多同化產物形成高成熟度枝條，可促進九重葛開花。

當植物在低光度下栽培時，傾向營養生長而不是生殖生長。九重葛植株在光合作用光子流密度（photosynthetic photon flux density; PPFD）爲 2000 μ mol/m^2/sec 的環境下，葉片的氣孔導度和淨光合作用的效率達到最高，植株體內的碳水化合物快速累積，植物體的碳氮比很快地達到可以花芽分化的水準，因此花芽創始時間最早，且可以產出密集且大量的花朵。當栽培環境的 PPFD 爲 1470 μmol/m^2/sec 時，則趨向於營養生長；即生長較多的分枝和葉片，而花芽創始時間較遲。當栽培環境的 PPFD 低於 1050 μmol/m^2/sec，則植株完全不開花。另外溫度會影響植物體內的生化學反應，溫暖的溫度（25-30℃）對九重葛光合作用有最大的助益。

三、光合作用產物的分配

植株光合作用製造的同化產物（葡萄糖）除了呼吸作用的消耗外，也供應營養生長或生殖生長。而九重葛是否能生殖生長的指標，是植物體的碳氮比是否達標，因此降低碳水化合物的消耗可能促進九重葛開花。例如：冬季低溫的作用，可能主要在於抑制營養生長，增加光合作用產物的累積，使植株往生殖生長的方向進行。又植株以生長抑制劑（矮化劑）處理、或摘除嫩葉、或減少水分供應，降低枝條的生長速率使同化產物累積而促進開花。

九重葛的花器形態及其授粉昆蟲

一、九重葛的花器形態

九重葛的葉對生，葉片黃綠色至深綠色，還有許多白色或黃色的斑葉的變種；枝條呈圓柱形、淺褐色至深褐色皆有。在枝條每節的葉腋處，皆有上、下兩腋芽，上位的腋芽先發育成花芽或刺，花朵凋萎後，下位的腋芽才發育爲側枝。在適當環境條件下，只要植體內的碳氮比達一定的水準，花序原體在頂端分生組織下 5、6 節處的葉腋開始花芽分化，即由上而下的第四片展開葉的葉腋形成花芽（圖 7-1 左圖）。花芽分化後逐漸膨大，若能發育到直徑 1.6 mm 時，花芽即可順利形成複聚繖花序型態（compound cyme inflorescence）的花房並且開花。花房由許多稱爲花朵的構造組成。在植物形態學上九重葛的花朵其實是一個花序，每花序有 3-4 朵管狀的花，但是每花序只有 3 片有顏色的苞葉，有 3 朵花的小花梗分別與 3 苞葉的葉脈基部連結一起。換言之 4 朵花的花序中的第一朵花是沒有苞葉的（圖 7-1 右圖）。在環境不佳的情況下，例如：低光度、長日週期或氣溫過高，使植物體內的碳氮比下降時，雖有花芽分化但隨即夭折，造成花序發育不完全，花序軸變成木質化的刺，稱爲刺的花序軸（thorn-inflorescence axis）。

圖 7-1　枝條頂端往下第四片展開葉的葉腋有最高的花房，即花房上方有三片展開葉（左圖）。每花房由多花序組成。每花序由 3-4 朵管狀花，和 3 片有顏色的苞葉組成，有 3 朵管狀花的花梗分別與 3 苞葉的葉脈基部連結一起（右圖）。

九重葛有雌、雄蕊同花之兩性花，花朵爲管狀花，管狀花瓣由五片花瓣合成，通常一朵花有 10 個雄蕊，分上下兩輪，輪生於雌蕊的周邊，雌蕊一心皮、單胚珠（圖 7-2 左圖）。雌蕊的柱頭爲乾性、偏向單邊，柱頭有絨毛狀突起，幫助捕捉花粉粒（圖 7-2 右圖）。授粉後果實成熟爲蒴果。

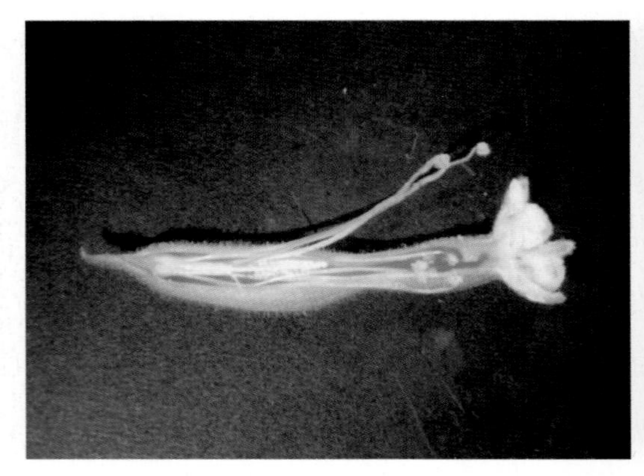

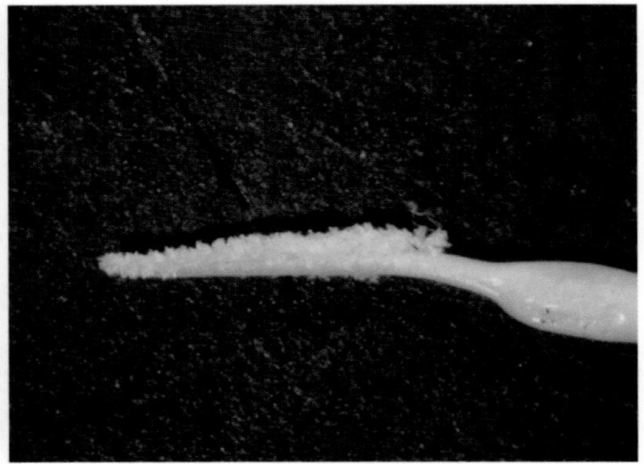

圖 7-2　九重葛的筒狀花形態（左圖）和雌蕊形態（右圖）。

二、九重葛昆蟲授粉生態學

天蛾類的昆蟲通常在傍晚以後出沒，時間與九重葛開花時間相重疊，有利於爲九重葛授粉。又由於九重葛管狀花的構造，授粉昆蟲必須有長喙，才可能完成授粉，而天蛾的口器又剛好符合。因此天蛾爲九重葛主要授粉昆蟲。

九重葛的蜜腺分布於雄蕊的基部，並由基部腺體散發出香氣與分泌花蜜。雖然不同物種的香氣成分差異大，但九重葛屬的物種大都會散發出含有 trans-β-ocimene 或 cis-3-hexenyl acetate 的揮發性化合物。花朵散發出 trans-β-ocimene 的時間爲下午五點到晚上八點，而散發 cis-3-hexenyl acetate 的時間爲晚上八點到十一點；這兩種化合物對授粉昆蟲分別有趨近和遠離的效果。前者具有引誘天蛾類昆蟲的效果，而後者則具有驅離昆蟲功能。此外在自然界花朵分泌的花蜜液多寡，會隨著授粉昆蟲數量的變化而變；授粉昆蟲多的季節，每朵花分泌的花蜜少，昆蟲造訪每朵花的次數不會太高，但是因花朵數多仍有機會得到種子。反之在授粉昆蟲較少的時候，每朵花的花蜜增多，可以吸引授粉昆蟲的造訪花朵的次數，和停留於花朵的時間，來增加異花授粉的機會，提高結果率。

筆者曾經與玫瑰花育種大師林彬先生交換九重葛育種的心得。他曾經在美國加州的 Altman 種苗公司執行九重葛育種計畫，花費大量人力進行雜交育種，卻很難獲得種子。這應該是授粉的時間點不正確造成的結果。在自然界有許多九重葛的自然雜交種應該是九重葛的授粉昆蟲在傍晚授粉的結果，而育種公司的作業人員授粉多在白天上班的時候，與九重葛自然生態截然不同所以就很難結果了。

不過九重葛在自然界的花粉發芽率雖然低（圖 7-3），但是經過培養花粉的驗證發現：許多品種的花粉分別培養在溫度 20、25、30 或 35℃等不同環境下，其發芽率並無差異。所以造成九重葛結種子率低之主要因素，應該是形成花粉的期間光照不足，或日、夜溫度過高或過低，以致於花粉活力低下。

第四節 提升九重葛育種效率的方法

從前文資料顯示的：溫度環境對九重葛的花粉發育的影響很大（圖 7-3），對花粉發芽的影響不大，但是又對受精卵的發育有很大的影響。例如：在防雨棚下進行雜交授粉，授粉後植株的胚珠有膨大的百分率爲 2.0%，而最後的結果率僅 0.4%。但是如果授粉親本培養在有水牆降溫設備的溫室（水牆有降溫效果，溫室最高溫度爲 28℃，但是沒有加溫效果），則授粉後植株的胚珠有膨大的百分率提高爲 10.0%，而最後的結果率提高 0.8%。若授粉親本培養在大型生長箱，環境設定爲日溫 27℃，夜間溫度 22℃，光週期 11 小時，光照度 100 μ mol/m^2/sec，則授粉後植株的胚珠有膨大的百分率提高爲 10.5%，而最後的結果率提高 1.1%。若授粉親本培養在小型恆溫箱，環境設定爲恆溫 25℃，光週期 12 小時，光照度爲 40 μ mol/m^2/sec，則授粉後植株的胚珠有膨大的百分率提高爲 12.0%，而最後的結果率提高 8.0%。由此可見在溫暖而穩定的溫度環境下，九重葛的育種效率可以提升 20 倍。

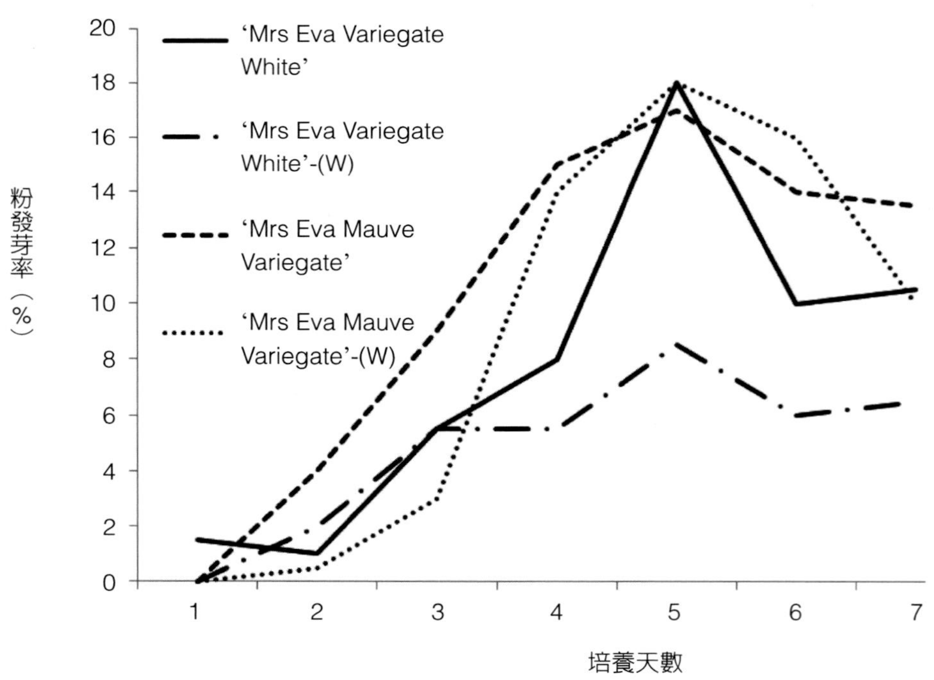

圖 7-3　開花的九重葛培養在生長箱的天數對開花當天所採集花粉的發芽率。

一般木本植物的結果率都相對的低，九重葛也不例外。大部分花朵在授粉後不久會因授粉失敗而落花，授粉成功的花朵不會落花，直到果實成熟花序都不會脫落（圖 7-4 左圖）。不過有些果實在發育的過程中也會因爲其他因素提早落果（圖 7-4 右圖）。早期落果的果實可以將未成熟種子無菌培養。培養的結果有 6% 的種子發育成正常植株；有 13% 的種子發育成畸形植株，例如下胚軸異常或沒有莖的生長點；有 29% 的種子發育成癒傷組織，繼續培養癒傷組織有 53% 的癒傷組織會再生枝梢（圖 7-5）。將形成的新梢移出瓶外扦插，也可以獲得種苗。

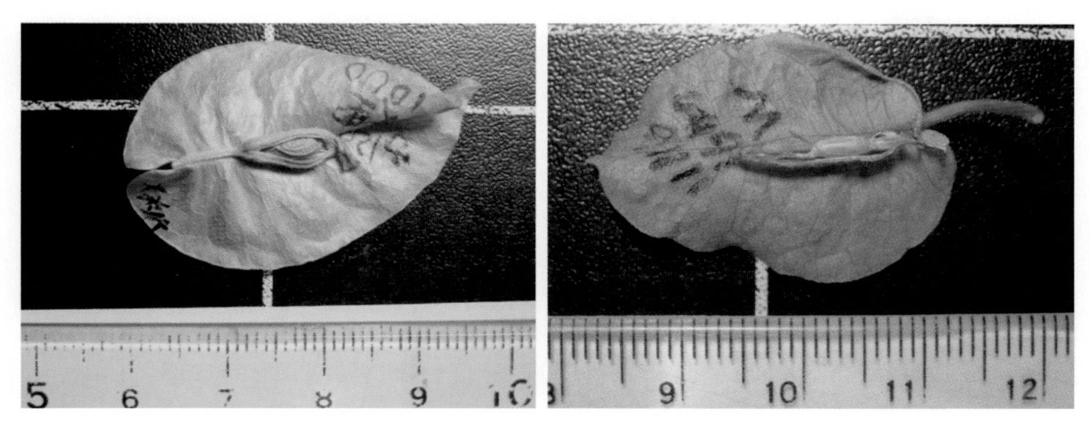

圖 7-4　九重葛成熟果實（種子）（左圖），和落果的未成熟果實（種子）（右圖）。

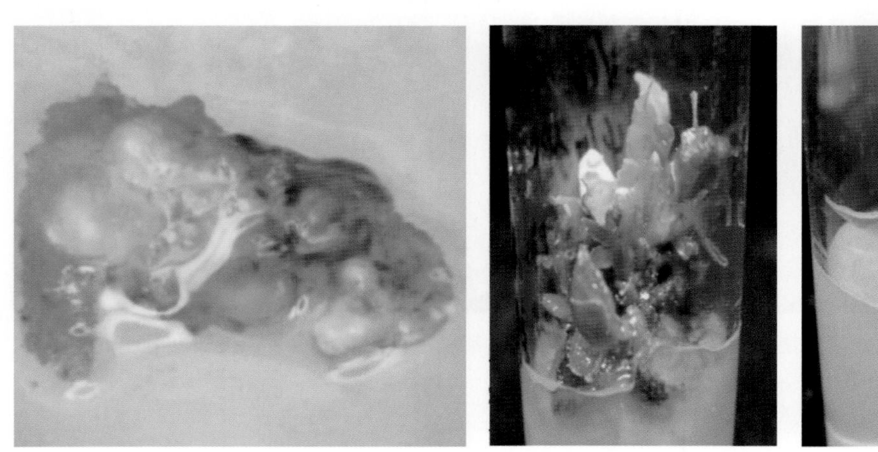

圖 7-5　九重葛未成熟種子培養可以發育正常植株（左圖），或癒傷組織（中圖）。繼續培養癒傷組織會有叢生的枝梢形成（右圖）。

成熟的種子可以用傳統播種方法繁殖，或利用無菌播種方法繁殖。雖然用傳統的播種方法比較簡單方便，不過用無菌播種方法苗木的育成率比較高；以傳統播種方法（圖 7-5 左圖），有許多下胚軸不能伸長的苗（圖 7-5 右圖），因爲子葉不能出土而腐爛，因此育苗率僅 47%；這種現象可以用無菌播種獲得很大的改善，以無菌播種方法育苗，育苗率爲 87%（圖 7-6 左圖），不能成苗的畸型苗包括沒有莖的生長點的苗（圖 7-6 中圖），或子葉沒有葉綠素的白苗（圖 7-6 右圖）。

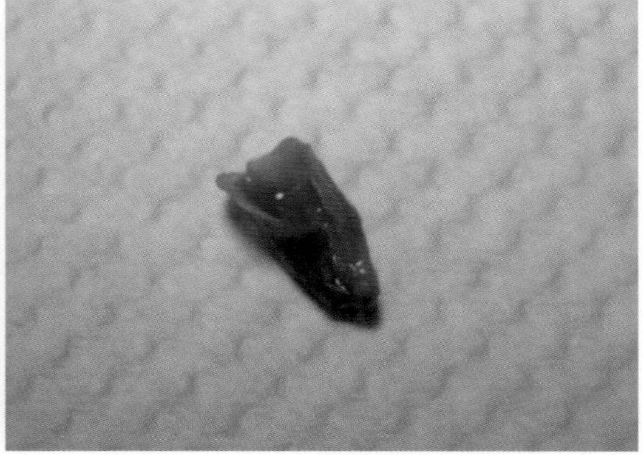

圖 7-5　九重葛正常發芽的出土苗（左圖），和播種後下胚軸未伸長的畸形苗（右圖）。

圖 7-6　無菌播種之九重葛苗發育情形（左圖），和無菌播種之畸形苗，無生長點的苗（中圖）以及白化苗（右圖）。

第五節 九重葛的育種選拔

九重葛很容易產生花色的變異株，因此花色不是選拔的重點；實生苗選拔的重點是選拔植株的開花性，能夠越早開花，且每花房花序數多的灌木型植株（圖 7-7）。栽培滿一年仍未開花的植株全部拋棄，沒有必要繼續選拔。雖然刺的性狀也是判別品種優劣的重點，但由於九重葛的刺，其實就是花蕾夭折脫落後所殘留下來的花梗。換言之，選擇早開花、多花房、短花梗的特性，就是在選拔短刺、或無刺的植株。

圖 7-7　九重葛實生苗自然開花情形。早開花且多花的植株（左圖是唯一初選的植株），早開花但少花的植株（中圖），以及尚未開花的植株。

早年九重葛都用高壓繁殖方法繁殖，後來改用成熟枝扦插繁殖，但是扦插繁殖不只成功率低，而且由於扦插枝條粗大，導致小盆栽植株的形態不美觀。因此優良單株不只需要容易以側枝扦插繁殖，扦插枝條發根所需時間短而且整齊。另外花期長的營養系，或能夠週年開花的營養系也是盆花用九重葛選拔的標的。

九重葛雜交很難獲得種子，涂旭帆同學曾授粉 1128 朵花，但是只獲得雜交種子 84 粒（包含未成熟種子）。種子播種後（包含無菌播種）共獲得 25 株苗株。大部分苗株都不能在一年內開花，少數在一年內開花的植株，也因爲少花或其他性狀不佳而被淘汰。然而有一 15 年生的 ‘Mrs. Eva Mauve’ 植株每年春、秋兩季都可收到 10 餘粒自然雜交的種子。這些種子所繁殖的植株特性與前述控制授粉的雜交種子所繁殖的植株特性相仿。不過很幸運的筆者在 2010 春季與 2015 年春季分別選到兩株優良的實生苗。前者經營養系試驗後，於 2014 年以‘粉紅豹’取得品種權。目前則授權永松園藝公司生產，盆花的市場價位爲一般品種的兩倍。

‘粉紅豹’的花序比其親本 ‘Mrs. Eva Mauve’ 的花序小（圖 7-8），如果單以花序的特性是很難成爲有競爭力的品種，但由於‘粉紅豹’的植株形態屬於匍匐形，株高矮，而且分枝數多。這些特性都是作爲盆栽花卉作物所必備的條件，也是當今九重葛品種所缺少的特性，因此被選出作爲新型態的九重葛。更由於‘粉紅豹’品種的開花特性好。例如早開花（扦插苗木定植於花盆一個半月後即可開花），週年開花且花期長（每一個半月的營養生長後會有兩個月的花期），而且每次花期的花序數量驚人（圖 7-9），除了當作盆栽花卉外，也是理想的景觀植物。

另外 2015 年選出的單株植株形態也是屬於匍匐性，而且花序比‘粉紅豹’的花序豐滿且花色艷麗（圖 7-10），唯開花季節爲秋季到翌年春季，目前正進行生產評估中。

圖 7-8　九重葛 ‘Mrs. Eva Mauve’（圖右邊深粉紅色的花），及其自然授粉的子代品種‘粉紅豹’（圖左邊粉紅色的花）。

圖 7-9　九重葛‘粉紅豹’營養系植株及實生苗（圖右下栽培於 8 吋花盆的植株為原來四年生的實生苗）。

圖 7-10　2015 年選出與九重葛‘粉紅豹’來自相同親本的自然授粉的實生苗營養系。

參考文獻

涂旭帆。2010。環境因子對九重葛結實之影響。國立中興大學園藝學研究所碩士論文。68 頁。

致謝

本章之完成，要感謝涂旭帆同學進行大量的雜交工作，並找出九重葛育種效率低的原因及解決方法等寶貴的資訊。

CHAPTER 8

臺灣原生石竹屬物種在石竹育種之應用

石竹（pinks）和香石竹（carnation）都屬於石竹科石竹屬物種。石竹屬的屬名「*Dianthus*」是由「divine flower」這兩個希臘文組成的，其代表的意義是指奉獻給眾神之神宙斯（Zeus）的神聖花卉，事實上從 16 世紀歐洲許多宗教的儀式、慶典中，石竹就常被大量使用。石竹也是英國古老的庭園花卉之一，由於植物學上有紀錄的石竹屬物種有 300 種以上，因此石竹品系的發展是很豐富而且複雜的。在歐洲石竹常被利用爲盆栽花卉，或庭園造景中的花壇植物；尤其是花期長的種類，在春天將結束時，仍可開花持續增加庭院造景色彩。

香石竹是切花用途的石竹類作物，在 20 世紀曾與玫瑰花、菊花同被列爲世界三大切花作物之一。香石竹在 1977 年於南投縣埔里鎮試作成功之後，很快的香石竹就成爲臺灣十大切花之一，可惜因爲切花形態沒有多樣化，市場逐漸萎縮。雖然也曾經有多花型（spray type）或迷你型（mini type）的品種推出，然而新品系的花朵形態與原來的單朵花型（standard type）的花朵形態差異不大，並未讓香石竹切花在市場的景氣回溫。另外由於育種科技的提昇，現今的切花作物有的瓶插壽命都已經達 3-4 星期，唯獨切花類石竹品種的瓶插壽命沒有一種能超過 2 星期，這也是切花類石竹品種逐漸被淘汰的主因。

大多數石竹屬植物原生於溫帶地區，數百年來石竹屬作物的育種也都在溫帶地區，因此幾乎所有石竹作物的品種都喜好冷涼氣候，而不耐高溫多溼的氣候，以致於臺灣在五月梅雨季之後，田間幾乎看不到石竹類作物的蹤影。即使栽培在防雨設施下，香石竹也很難在夏季栽培。

從石竹育種史發現：原生於中國的五彩石竹，在石竹作物的發展史中扮演重要的角色。臺灣有許多石竹屬特有種，未曾被利用於石竹育種。因此本章所敘述的內容，主要在利用這些石竹特有種，創造耐候性強或切花瓶插壽命長的石竹新品種。

石竹的發展史

雖然無法確定人類何時發現何種石竹物種，不過歐洲在 16 世紀就已經有文獻記載石竹屬（*Dianthus*）植物。到 17 世紀，石竹並未受到高度的重視，也無正式命名的石竹品種，僅偶爾作爲庭院布置使用。此時期的石竹主要是單朵花序的單瓣石竹和重瓣的羽毛石竹（feathered pink）兩種類型。

庭園石竹（garden pink）是由 *D. plumarius*、*D. chinensis* 以及 *D. gratianapolitanus* 自然雜交產生。在 18 世紀，庭園石竹的育種開始有所突破，出現有花邊、深淺雙色以及其他多種顏色的石竹。例如從 *D. plumarius* 育出花瓣帶有雉羽上眼狀的斑紋（pheasant-eyed type），或花心爲深巧克力色的白花的石竹 'New Dobson's'，此爲深淺雙色石竹的祖先。

邊界香石竹（border carnation）是指由香石竹（*D. caryophyllus*）改良的石竹，在英國景觀庭園中因作爲步道邊緣的植物而得名。邊界香石竹與原產於中國四季開花的五彩石竹（*D. chinensis*）雜交，產生能四季開花的後代，稱爲一年生香石竹（annual carnation）；由於枝葉、花萼與香石竹相似，常被視爲小型的香石竹，只是香石竹花朵較大、花瓣數也較多。

另外有精美香石竹（fancy carnation），是指於花瓣底色上有條紋的香石竹，例如滾邊香石竹（picotee carnation），其條紋位於在每片花瓣的外緣；而精美石竹（fancy pink）是指花瓣中間有與花瓣主要顏色不同的石竹，例如長矛石竹（lanced pink），因其花瓣內有長矛狀的圖樣而得名。在 1774 年，James Major 獲得一株株形優良的 'Lady Stoverdale' 應該是第 1 株的長矛石竹。

接著在英國各地（包含蘇格蘭地區）的花農開始大量栽培具有深與淺雙色花瓣的長矛石竹。後來蘇格蘭派斯利（Paisley）地區的花農，從倫敦取得長矛石竹的種苗後也開始進行培育長矛石竹，這些長矛石竹就是日後著名的蘇格蘭石竹（Scotch pinks）。爲避免混淆，現在所謂的蘇格蘭石竹是專指：花瓣具有深淺雙色而沒有花邊的石竹。

在 19 世紀中期，育種者將 *D. barbartus* 與 *D. plumarius* 雜交，得到不能產生種子（不稔性）的雜種石竹（mule pinks）的植株，這些石竹具叢生的花序、重瓣花朵、花期長並有甜甜的香味、且有綠色的葉片。其中最受歡迎的是於 1840 年育成的 'Andre Paré'，或在法國育成的 'Emil Paré'。

在 20 世紀初葉，英國伯明翰（Birmingham）的 C. H. Herbert 曾育出花壇香石竹（border carnation）以及一些優良石竹品種。後來有人用他的名字當作他所育成石竹品種的學名，*D. herbertii* 或 Herbert'pinks。這類雜種主要的特性是花心與花瓣的顏色不同。最早的品種是 'Progress'，是有深色紋路的錦葵紫（mallow-purple）色的重瓣花，有丁香的香味。'Bridesmaid' 爲蟹殼紅（shell pink）色花、猩紅色花心。目前 *D. herbertii* 'Bridesmaid' 仍廣泛被應用作育種親本。除了 Herbert's pinks 以外，在 20 世紀的其他育種家所育出不同特色的石竹品種，後來也多以育種者的名字命名。例如 M. Allwood 育出的的 Allwood's pinks 以及 J. Douglas 的 Douglas's pinks 等，這些石竹在後續的石竹育種上扮演重要親本的角色。其中 Allwood 所育出的石竹有持續開花的特性，例如有從五月開到十月，或從五月開到下雪前等不同的開花習性。Allwood 從 1910 年開始致力於培育在整個春、夏和秋季可重複開花的石竹，他用一個半重瓣花、鬚狀花瓣、白色品種的庭園石竹與具重覆開花特性的香石竹 'Old Fringed'（annual canation 品系）進行雜交，得到的後代目前統稱 *D. allwoodii*。現在全世界所有的庭園石竹親本幾乎都與 *D. allwoodii* 有關聯。

雖然石竹屬作物已經有數百年的育種史，在國際石竹登記冊上也已超過 30,000 個品種，但花色範圍主要仍限制在白色、粉紅色、紅色或紫色之間。目前依照石竹的特徵，可將其分成五大類：古典石竹（old and old-fashioned pinks）、岩石園石竹（rock garden pinks）、蕾絲石竹（laced pinks）、比賽用石竹（exhibition pinks）和庭園石竹（garden pinks）。每一類的石竹均可作爲優良的庭園花卉作物，除庭園石竹外，其他四類的石竹都具有作爲盆栽花卉、切花等用途的特性。

臺灣原生石竹的特性

臺灣的原生的石竹物種有：巴陵石竹、玉山石竹、清水山石竹、瞿麥以及長萼瞿麥等，其中巴陵石竹和清水山石竹是臺灣特有的物種，茲將各原生石竹之形態及其分布分述如下：

1. 巴陵石竹（*D. palinensis* S. S. Ying）

巴陵石竹爲臺灣特有種，分布地點較少，僅在桃園縣北橫公路從羅浮到巴陵地段，和新竹縣秀巒到新光地區，以及南投縣春陽、清境農場一帶，海拔約 600-1800 公尺之山區道路邊。

植株高度約 63 cm（表 8-1），靠近莖基的節間長度較短，從植株基部抽出枝條，主枝條上每節都會長側枝，越接近莖基的側枝長度越長。葉片披針形，長度約 5-10 cm，表面光滑。週年開花，花序爲單歧聚繖花序（monochasium），小花數爲 11 朵，小花直徑爲 41 mm，萼筒長度 34 mm（表 8-1），小花可開放天數約 10 天，花色爲粉紅色，花瓣前端裂開，偏雌花的花瓣裂痕較淺。雄蕊 4-5 枚，另有退化雄蕊 5-6 枚。花朵有香味但不明顯（圖 8-1A）。

2. 清水山石竹（*D. seisuimontanus* Masamune）

清水山石竹是自然界分布點最少的特有種，僅分布在花蓮縣清水山及和平林道海拔 2000-2400 m 左右的山區，生育地與臺灣其他種石竹屬植物的差異性較大，爲有陽光的石灰岩崩塌岩壁或有沖刷岩屑的開闊地。

植株高度約 78 cm（表 8-1），莖徑較粗，節凸起，有多而長的下垂側枝。莖的基部葉呈十字對生狀，密集排列，葉鞘半環抱莖，葉面較寬，表面綠色有白粉，葉片邊緣細鋸齒狀。花期主要是夏至秋季，但由於植株有明顯的高溫逆境反應，在臺中霧峰地區則在 11 月到翌年 4 月上旬開花。每聚繖花序可開放小花數爲 7 朵，小花直徑 44 mm，萼筒長度 33 mm（表 8-1），小花可開放天數約 10 天，花朵有明顯優雅的香味，粉紅色或深紫色花，小花梗長 0.4-1.2 cm，副萼 2 或 3 對，萼片綠色、外表有時會帶有紫色，花瓣尖端深開裂，裂成鬚狀，花朵的喉部位有毛（圖 8-1B）。

3. 玉山石竹（*D. pygmaeus* Hayata）

此物種主要分布於海拔 3000 m 以上的高山岩屑地（如圈谷地區），本種特徵主要是植株矮小，種名的字義爲矮小。植株高度約 6-15 cm，莖細長、基部有分枝，側枝直立或斜上。主枝基部的葉片呈十字形密集排列、葉片線形、葉片邊緣細鋸齒狀。花期主要是夏至秋季，在臺中霧峰地區開花期爲 8 月中旬到 9 月下旬。開花時主枝節間伸長。每聚繖花序有 3 朵，小花直徑爲 18 mm，萼筒長度爲 18 mm（表 8-1），花朵無明顯香味，花色爲粉紅色或紫色、少數爲白色，花序爲聚繖花序，小花梗長 1.5-1.8 cm，副萼 2 對，萼片綠色、外表有時會帶有紫色，花瓣前端開裂成鬚狀，偏雌花的花瓣前端開裂成鋸齒狀（圖 8-1C）。

4. 瞿麥（*Dianthus superbus* L. var. *superbus* (Masamune) Liu & Ying）

此物種廣泛分布在東北亞地區，例如日本、韓國、俄羅斯、哈薩克以及中國等地都有分布。在臺灣主要分布於海拔 600-3100 公尺區域。生育地為開闊且陽光充足的環境，長在登山步道或林道的路旁。

植株形態會隨海拔高度或生長環境不同有所變異；部分分布於較高海拔者，植株通常較矮小。植株高度約 30-60 cm，莖通常在基部分枝、分枝匍伏（冬季）或直立狀。葉線形、倒披針形、或介於兩者之間。葉面平滑，葉鞘薄膜狀，葉尖尖。葉邊緣細鋸齒狀，週年開花。每聚繖花序可開放小花數為 6.5 朵，小花梗長 1.5-2 cm，副萼有 2-3 對，小花直徑 32 mm，萼筒長度 28 mm（表 8-1），花粉紅色或白色，花瓣尖端深開裂成鬚狀。於臺中霧峰地區可週年開花，小花可開放天數約 7 天，日間花朵香味不明顯，夜間香味才轉為明顯（圖 8-1D）。

5. 長萼瞿麥（*Dianthus superbus* L. var. *longicaycinus* (Maxim.) Will.）

長萼瞿麥與瞿麥非常類似，前者的萼筒細長、綠色，而後者的萼筒比較寬而且短，萼筒外表帶有紅色，因此將長萼瞿麥歸類為瞿麥的變種。此物種分布在東北亞地區，包括日本、韓國、琉球東北部、中國北部。在臺灣主要分布在中、高海拔的山區，形態隨海拔高度或生長環境不同有所變異。

長萼瞿麥高約 40-70 cm，莖通常在基部分枝，節粗大。葉片披針形、或介於線形與披針形的中間形。葉邊緣細鋸齒狀，葉鞘薄膜狀，葉尖尖。花序為聚繖花序，每聚繖花序 3 朵小花，小花梗長 1-2 cm，副萼 3-4 對，小花直徑 38 mm，萼筒長度 35 mm（表 8-1），花粉紅色或白色，花瓣前端開裂成鬚狀，花朵香味明顯。於臺中霧峰地區可週年開花，單朵花的壽命 7 天（圖 8-1E）。

表 8-1　美國石竹與臺灣石竹屬物種之植物特性

物種學名	株高（cm）	小花數	花朵直徑（mm）	萼筒長（mm）
D. barbatus	32.0±1.6	17.4±2.8	18.1±0.3	16.1.0±0.5
D. palinensis	63.0±3.8	10.8±0.6	41.9±1.6	34.1±0.9
D. pygmaeus	8.3±1.0	3.0±0.5	18.4±0.0	17.8±0.1
D. seisuimontanus	77.7±6.3	7.0±0.5	43.4±2.1	32.7±0.3
D. superbus	22.2±5.1	6.5±0.3	32.4±0.3	27.6±0.1
D. superbus var. *longicaycinus*	42.1±0.7	3±0.4	36.4±2.1	34.9±1.0

圖 8-1　臺灣原生石竹屬物種之形態。A. 巴陵石竹，B. 清水山石竹，C. 玉山石竹，D. 瞿麥，E. 長萼瞿麥。

第三節 石竹的有性生殖

歐洲石竹屬物種有些屬於相對性長日植物，例如香石竹、矮石竹等；但在育種改良的過程中曾與可以週年開花的五彩石竹雜交，目前大部分石竹品種都可以週年開花。因此進行雜交育種不必特別調節花期。

清水山石竹在原生地因夏季高山氣候冷涼，冬季氣候寒冷，自然花季在夏秋之際。移植到低海拔地區（臺中市霧峰區）栽培，在夏季高溫的環境，植株生長形態會因爲高溫逆境，而發生轉變成節間縮短，且葉片變得比較寬而且厚（此種生長形態稱爲簇生化）。直到環境轉變爲冷涼氣候，莖節才會伸長開花。因此花季在 11 月到翌年 4 月。因此清水山石竹的栽培在氣溫冷涼（10-20℃）的環境，植株比較不會發生簇生化生長而不能開花的現象。萬一植株已經簇生化生長而不能開花，可以將植株移到冷涼的溫度環境下栽培，並且噴施 100-200 mg/l 的激勃素（GA）以促進植株開花。另外美國石竹的植株也常發生簇生化生長的現象。通常進口的種子，約只有 1/3 的實生苗會開花。利用單株選拔方法，經過 3 世代的選拔，就可以獲得全部開花的後代族群。

石竹科的植株，依花器構造不同可分爲：雌雄花異株（dioecy），雌花與兩性花異株（gynodioecy），雌花、雄花、兩性花異株（trioecy），雌花、兩性花同株（gynomonoecy）及兩性花株（hermaphroditism）。臺灣原生石竹花朵的性別有雌花與兩性花。玉山石竹爲雌花與兩性花同株（gynomonoecious individuals）的個體，其他原生物種的皆屬於兩性花同株、偏雌花與兩性花同株，和偏雌株的類型。

石竹花朵有 2 個柱頭與 10 個雄蕊，其中小花有兩種類型，一爲雄蕊發育正常之完全花（perfect flower）；另一爲雄蕊全數退化、花絲短縮於子房基部，且花絲上的花藥發育不正常之偏雌花（hermaprodite functioning as female）（圖 8-2A）。以巴陵石竹的花朵爲例：小花於花瓣尖端著色隔天即可開放，小花開花前一天雄蕊分兩輪發育包圍著雌蕊，開花當天第一輪花絲伸出且花藥同時開裂、開花後 1 天再伸出第二輪花絲，開花後 2 天花絲開始往下彎曲。花柱則於開花後第 2 天伸出花筒，於開花後第 3 天花柱前端卷曲（圖 8-2B）且長滿乳突細胞，此時也是石竹小花的最佳授粉時期。

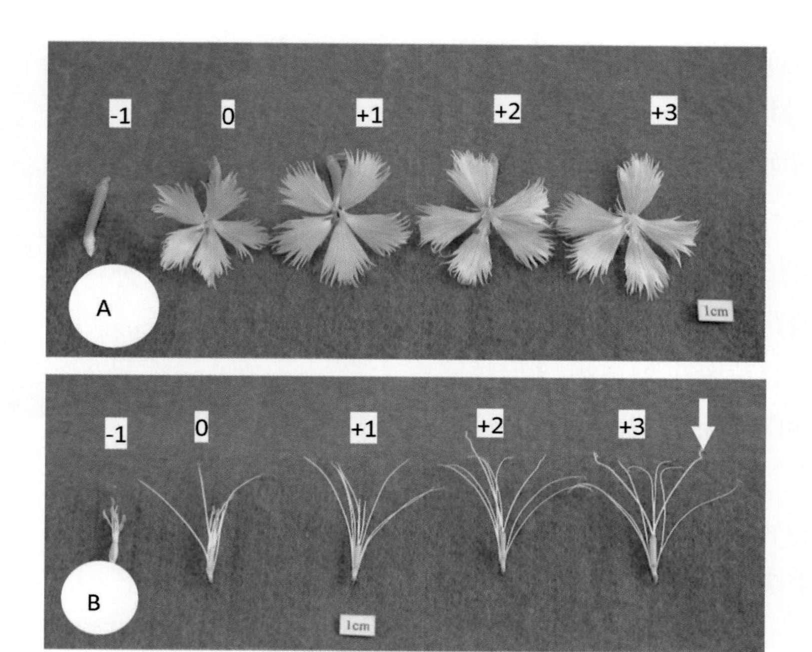

圖 8-2　巴陵石竹花朵從開花前 1 天至開花後第 3 天花朵（A）和雌蕊、雄蕊形態（B），第 3 天花柱卷曲，為最佳授粉時期。「0」為開花當天。

石竹屬植物主要的授粉媒介昆蟲是有長吻管的鱗翅目昆蟲，例如蝴蝶或蛾類。因爲石竹屬植物的花朵萼筒比較長、蜜腺在花絲基部，昆蟲需要有長吻管才能吸食到花朵基部的蜜汁。另外石竹屬作物花色的深淺、香味的濃郁及香味組成分的不同，會影響吸引的傳粉昆蟲種類，例如瞿麥因萼筒長、夜間開花、有香味，所以吸引夜行性昆蟲傳粉；美國石竹，花色鮮豔、蜜汁多且萼筒短，故吸引日行性昆蟲傳粉。

第四節　利用臺灣原生石竹育成耐熱性石竹

一、與美國石竹（*D. barbatus* L.）雜交

臺灣原生石竹的花序鬆散而且花朵數比較少，因此選用花朵數多且花序排列緊

密的美國石竹（日本福花園種苗公司「地毯」品系，圖 8-3）爲育種親本。

圖 8-3　日本福花園種苗公司地毯系列的美國石竹花序。

依循前面各章所述：育種之前先以花粉培養方法，檢測育種材料是否具有發芽能力，以及在各種培養溫度下的花粉發芽情形。美國石竹的花粉培養在 15-25℃環境下，花粉發芽率在 21-58%，但當培養於 10℃、30℃、35℃或 40℃的環境則花粉不發芽。

巴陵石竹花粉培養在 20℃環境下，花粉發芽率爲 22%。若分別培養在 15℃、25℃或 30℃的環境下，則其花粉發芽率分別爲 14、16% 或 10%。而培養在 35℃或 40℃的高溫下，其花粉發芽率仍有 4% 或 6%。

瞿麥的花粉培養於 25℃環境下，花粉發芽率爲 43%。其次是培養在 30℃或 20℃環境下，花粉發芽率分別爲 37% 或 30%。而培養在 40℃或 10℃的環境，花粉發芽率仍有 5% 或 2%。從花粉在高溫環境下的發芽率判斷，利用巴陵石竹或瞿麥爲育種親本有可能選出耐熱性的後代。

以美國石竹與巴陵石竹之正反交或以美國石竹爲母本與清水山石竹雜交之後代植株，其單朵花壽命有 8 天。但以美國石竹與長萼瞿麥雜交之後代植株之花朵壽命僅 4.5 天。又美國石竹與巴陵石竹之正反雜交的後代，花序的花朵數多而且排列緊密。花色表現也最爲穩定且皆有明顯香味。巴陵石竹親本從播種到開花需 219 天，美國石竹親本從播種到開花需 241 天。對栽培者而言，早開花的品種生產成本較低。因此選拔雜交子代植株時若從播種到開花所需時間在 180 天以上者，則不列入選拔的對象。初選共選出以巴陵石竹爲母本時之 PA008、PA011、PA124 及以美國石竹爲母本時之 AP033、AP2059、AP2060、AP2061 等 7 個品系，但由於植株的葉片狹長而下垂，而且切花壽命也未突破 14 天（石竹類作物的切花品種，切花瓶插壽命最長的天數），因此仍不夠資格成爲切花品種。不過在進行營養系試驗時，發現這些品系的耐候性非常好，在露地盆栽時，經過兩個寒暑，植株都沒有因爲高溫多雨而有嚴重病害、或死亡的現象。因此改作爲庭園景觀用植物材料。最後選出 PA008、AP2059、AP2060 等三個品系並授權花蓮富里農會在東臺灣當作景觀花卉，每年栽培十萬株，形成東臺灣冬季特殊景觀（圖 8-4）。

圖 8-4 利用巴陵石竹育成的耐熱景觀用雜種石竹 PA008（左上）、AP2059（右上）、AP2060（左下）等三個品系，並授權花蓮富里農會在東臺灣當作景觀花卉，每年栽培十萬株，形成東臺灣特殊景觀（右下）。

二、與日本石竹（*D. japonicus* Thunb.）雜交

日本石竹原生於日本，植株特性是莖直立且堅韌，葉片寬厚、墨綠色有光澤，每一聚繖花序有許多小花，且植株耐熱性強。因此自日本福花園種苗株式會社購買日本石竹‘紅梅’（*D. japonicus* ‘Red Plum’；圖 8-5）爲育種材料。經測試不同溫度環境對日本石竹‘紅梅’花粉發芽的影響發現：在 25℃環境下，花粉發芽率較高可

達 29%，但在 35 或 40℃環境下，花粉仍分別有 4.5 或 4.0% 的發芽率。因此利用日本石竹與巴陵石竹雜交，創造出耐熱性的切花用雜種石竹是可以預期的。

以日本石竹‘紅梅’爲母本的雜交後代，植株高度平均爲 52.9 cm，平均葉長爲 7.5 cm，葉寬爲 1.2 cm，且葉片表面多具有蠟質。從種子播種後到開花的平均日數爲 108 天，開花枝有 13.5 節，每株的平均開花枝數爲 5.6 枝。每枝的複聚繖花序有 3.7 級，主花序的平均花朵數爲 5.7 朵。花朵平均直徑爲 3.2 cm，花色以粉紫色的植株較多。

圖 8-5　日本福花園種苗株式會社的日本石竹‘紅梅’。

以巴陵石竹爲母本的雜交後代，植株高度平均爲 86 cm，平均葉長爲 10 cm，平均葉寬爲 12 cm，葉片也大多有蠟質。從種子播種後到開花的平均日數爲 181 天，開花枝有 19.0 節，每株平均開花枝數爲 6.4 枝。每枝的複聚繖花序有 6.2 級，主花序的平均花朵數爲 4.2 朵。花朵平均直徑爲 3.5 cm，花色也是粉紫色的居多。

圖 8-6　日本石竹‘紅梅’與巴陵石竹雜交優良後代 JP09。

考量未來切花的生產成本，還是決定選擇早生的‘紅梅’與巴陵石竹雜交後代 JP02、JP09 以及 JP18 三個單株。再經過營養系比較試驗後，選出枝條細而堅硬，花瓣開張角度較小，而有立體感的花形的 JP09 營養系（圖 8-6）。又再進行切花栽培，當開花枝上約有 1-3 朵花蕾呈筆尖狀或掃帚狀，且花朵尚未開放時，自枝條基部剪取開花枝，運至實驗室進行切花試驗。先將花莖再剪成 35 cm 長，插入裝有 100 ml 純水之量筒中，再以石蠟膜包覆量筒的開口。切花試驗環境溫度為 22±2℃，相對溼度為 75%，室內光源為旭光牌冷白螢光燈，光度約為 3000 lux，每日光期 16 小時，暗期 8 小時。每日固定時間測量切花的鮮重量及吸水量。當開花枝上的小花有 1/3 凋謝時，視為瓶插壽命結束。從圖 8-7 結果顯示：JP09 切花枝條插入水中後的前 18 日，每日都有 2 ml 的吸水量，到 26 日後還可維持每日 1 ml 的吸水量。可見 JP09 切花枝條蒸散作用不旺盛，而且枝條的吸水力也沒有任何問題。另外在切花枝條插水後的前 20 日，每日的鮮重量百分比維持在 105% 以上，之後才急速下降，到 30 日後還可維持原來切花枝的鮮重量（圖 8-7），也因此切花壽命長達 30 天左右，遠超出目前世界上石竹類的切花品種之瓶插壽命天數。JP09 營養系最後命名為‘巴陵紫雲’，並且已經授權花農生產。

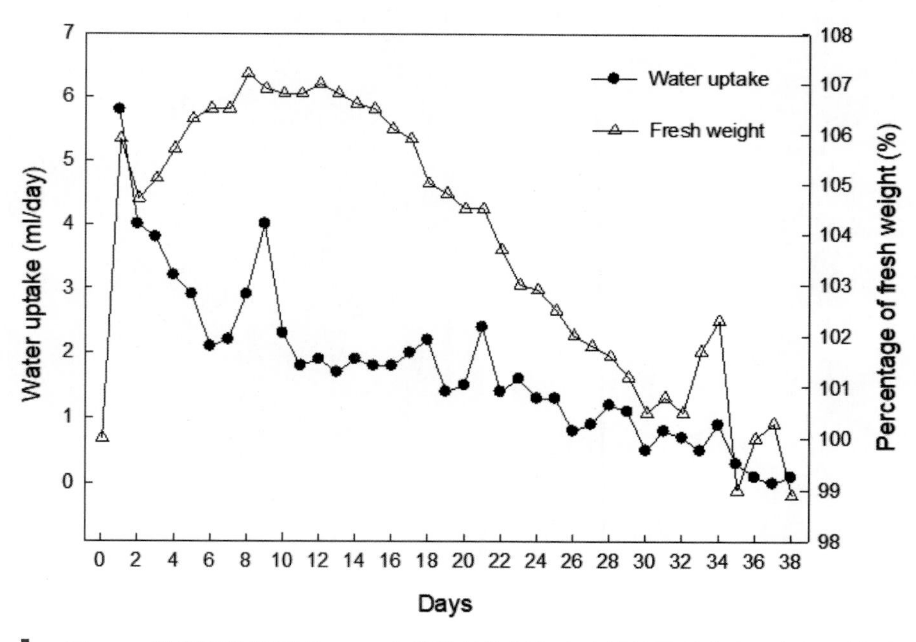

圖 8-7　雜種石竹營養系 JP09 的開花枝條插入水中後的日吸水量，與每日鮮重量百分比變化。

三、清水山石竹的利用

清水山石竹是臺灣另一個特有物種。其花朵的香氣非常高雅，可惜植株生長對高溫特別敏感。在高溫環境下植株呈現簇生化生長而不開花，因此原生地只限於清水山海拔 2000-2400 m 左右的山區。在臺中霧峰栽培時，若清水山石竹的扦插苗發育正常，則植株可在 11-4 月開花；簇生化苗則可利用夜間照明的方法，配合噴施徒長激素（gibberellin）促進開花。很幸運的，清水山石竹與巴陵石竹或瞿麥雜交，其後代都可週年開花；而與長萼瞿麥雜交，其高雅的香氣也可以遺傳到下一代。例如圖 8-9 的營養系為長萼瞿麥與清水山石竹雜交，所選出具有清水山石竹香氣的後代 LS01。

圖 8-8　雜種石竹‘巴陵紫雲’之切花生產。

圖 8-9　長萼瞿麥與清水山石竹雜交，所選出具有清水山石竹香氣的營養系 LS01。此營養系適合於冷涼季節作為庭園花卉。

參考文獻

彭寶儀。2007。臺灣原生石竹之開花習性及其種間雜交。國立中興大學園藝學研究所碩士論文。64 頁。

褚哲維。2012。臺灣原生石竹新品種之開發。國立中興大學園藝學研究所碩士論文。66 頁。

致謝

本章之完成，首先要感謝彭寶儀同學從李祖文先生處獲得臺灣特有種的巴陵石竹和清水山石竹，以及玉山石竹；並且經由花粉測試，找出巴陵石竹確實是耐熱育種的好材料。也要感謝花蓮區農業改良場蔡月夏小姐，將所育成的雜種營養系推薦給花蓮縣富里鄉農會，讓臺灣人看到我們有能力利用臺灣的寶物——巴陵石竹，育成適合臺灣四季栽培的雜種石竹。另外也要感謝褚哲維同學解開清水山石竹開花的方法，並且利用巴陵石竹育成‘巴陵紫雲’，以及彰化縣永靖鄉的陳建興班長願意栽培臺灣育成的品種。

CHAPTER 9

植物組織培養在育種上之應用

第一節　植物組織培養之原理與操作步驟

第三節　未成熟種子或未成熟胚芽培養

第四節　器官培養在誘導變異衍生品種之利用

植物組織培養是將微小的植物個體、器官、組織或細胞培養在無菌容器內（in vitro）的培養基上。植物組織培養除了應用於繁殖苗木外，另一主要用途是作爲育種的輔助方法。例如利用組織培養保存育種材料或育出的新品種，或繁殖健康的營養系，這比起在田間保存植物材料成本低，而且不會遭受病蟲害。當親緣遠的植物雜交，有因爲相互不親和導致早期落果時，可以利用未熟種子播種、或取出未成熟胚芽培養，可能可以獲得雜種後代植株。若植物不健康時，常會影響到植株的結種子的能力，而利用生長點培養，可以得到健康的植株，恢復植株結種子的能力。例如聖誕紅植體內的菌質體，導致不容易結種子，若利用生長點培養、或體胚芽再生的方法，可以培育出健康的植株，這種植株結種子的能力較高（參見第三章聖誕紅育種）。另外將無菌培養的植物材料培養於添加促進細胞變異的化學藥劑的培養基，或將培植體照射放射線，可以誘導植物發生變異，再分離繁殖爲衍生品種，比傳統的育種方法更有效率。

第一節 植物組織培養之原理與操作步驟

植物在自然界生長，是從土壤中吸收土壤溶液供植物生長所需。植物生理學家模仿土壤溶液的成分，創造了水耕栽培的配方。將水耕配方添加蔗糖和固化水耕溶液的洋菜，就成了組織培養用的基本配方。Murashige 與 Skoog 在 1962 年發表菸草莖的髓組織的培養，所使用的配方簡稱爲 MS 配方，後來成了培養各種作物最通用的配方。甚至許多對無機鹽類要求低的作物，也只需將 MS 配方的濃度減半量使用就可以當作培養配方了。

植物具有全能分化的潛能，因此植物細胞、組織、或器官，很容易分化成完整的植物體。而生長素與細胞分裂素的相對量控制了細胞、組織、或器官分化的趨向；當培養基中的生長素濃度高時，培植體趨向於分化根；當細胞分裂素濃度高時，培植體趨向於分化莖。當生長素與細胞分裂素濃度都高時，則培植體會分化成癒傷組織。所以藉由調整培養基中的生長素和細胞分裂素含量，就可以達成培養的目的。

組織培養的操作方法大致上可分爲三個培養程序：I、建立無菌培養，II、在無菌環境下大量增殖培養，III、促進培植體發根的培養。但因實際操作上有些作物在建立無菌培養時就遭遇瓶頸，很難獲得無菌的培植體。因此加一個前處理，稱「0」階段。另外有些增殖的培植體並不具備發根的能力，因此把移出前發根培養的第III階段，再細分爲 III_A 與 III_B 二階段。III_A 階段的目的是促進培植體具有發根的潛力，III_B 階段則是促進不定根形成。又由於已經發根的培植體直接移到一般環境栽培有可能成活率低，因此在第III階段之後又增加了第IV階段的馴化處理。茲將各主要操作方法及目的分述於下：

一、第0階段的滅菌前處理

擬培養的材料若因長期生長在比較汙染的環境，在建立無菌培養的培植體時，只用第一階段的藥劑表面消毒很難成功。例如：多年生植物長期生長在田間，或球根植物之球根部分長期生長在土壤中，都是很難培養成功的材料。第0階段即是指在第一階段之前的各種預先降低微生物族群量的處理。例如：先將植物移到溫室內栽培；或先定期噴施殺菌劑或抗生素；或儘量將擬培養的作物材料保持在乾燥環境，以減少汙染源的繁殖。

二、第I階段：建立無菌培養

本階段主要的工作是將培植體（可能是小植株、種子、器官、組織或細胞）分離開在一般環境下生長的植物母體，經殺菌劑表面滅菌後，在無菌環境下分割培植體並培養在滅菌過的培養基上，最後得到一個沒有微生物汙染而又能繼續生長與發育的培植體，此培養又稱爲初代培養（initial culture）。

初代培養要能成功的達到無菌培養的狀態，必須先將植物材料、培養基以及操作中必須使用的工具全部經過滅菌處理。培養基在配製後經過高壓蒸氣滅菌處理或過濾滅菌處理。而操作所必須使用的工具，其滅菌處理大致分爲三類：耐高溫的非金屬用具如培養皿、滴管、微細過濾器可採用高壓蒸氣殺菌。不耐高溫的塑膠類製品，可以先用包裝材料密封再經過珈瑪（*r*）射線滅菌處理。而極耐高溫的金屬用具如解剖針、解剖刀、鑷子，使用前可先用酒精擦拭乾淨，再用火焰或紅外線加熱器燒烤滅菌。

植物的生長是由內往外生長，因此植物體的內部組織或細胞，若無系統性的感染（例如維管束病害）都是無菌的生物體，因此植物材料的滅菌處理只是做表面滅菌處理。植物常用的表面滅菌劑有 70% 的酒精，或含 0.5-1.0% 次氯酸鈉的溶液，或將 7-14g 的漂白粉（次氯酸鈣）溶於 100 ml 水的過濾液，或含 3% 雙氧水的溶液。酒精溶液表面張力大，滅菌效果強，但也容易傷害植物細胞。因此滅菌處理時間爲數秒鐘。其餘藥劑滅菌時間爲 5-10 分鐘。對於表面有絨毛的植物材料，一般殺菌劑不容易浸潤表面時，可以先用酒精先處理數秒鐘後，再配合其他滅菌劑滅菌。材料經滅菌溶液滅菌 5-45 分鐘後，在無菌環境下（無菌操作箱或無菌操作臺），先用高壓蒸氣滅菌過的水將植物材料淋洗 3 次，以去除植物體上的藥劑，再切取所需要的培植體，置於培養基上培養。

在自然界，植物受傷後，傷口會滲出酚類化合物。酚類化合物接觸空氣氧化成褐色物質，可以防止病原菌由傷口侵入。但是在初代培養時，褐色物質會阻礙培養基之吸收，造成培植體飢餓而死亡。因此在第一階段的培養需防止培養基中累積大量的褐色物質。防止累積大量的褐色物質的方法有：1. 在培養基中加入吸附力強的物質，例如活性碳或聚乙烯吡咯烷酮（polyvinylpyrrolidone, PVP）。2. 在培養基中加入抗氧化劑，例如檸檬酸或維生素 C，或培植體在培養前先用抗氧化劑或滅菌過的水淋洗或浸漬其中。所使用的抗氧化劑因爲不耐高溫，因此抗氧化劑的溶液需經過超微細過濾膜（milipore）過濾滅菌，再定量加入已經高壓滅菌的培養基中。3. 擬培養的材料預先經白化處理（etiodation）。4. 培養基中添加麩胺酸（glutamine）、天門冬酸（asparagine）以及精胺酸（arginine）。5. 降低培養基鹽類濃度。6. 培養基不要添加植物生長調節劑。7. 培植體培養先在暗環境培養 1-2 星期。

三、第 II 階段：增殖培養

此階段的培養稱爲增殖培養（multiplication culture），又稱爲繼代培養

（subculture），主要的目的是在無菌且最適宜的生長環境下，快速的大量繁殖培植體，但卻又不能使培植體發生變異，改變植物原有的遺傳特性。一般作物繼代培養的頻度約每 4-8 星期培養一次，同時更換新鮮的培養基。此階段培植體增殖的方式可分為下列幾種：1. 以腋芽增生的方式：從培植體上的腋芽長出叢生狀的枝條，再利用分枝或扦插繁殖的方法大量增殖培植體。2. 從第一階段培養從培植體逆分化的癒傷組織，繼續以癒傷組織增生的方式大量增殖。3. 以細胞增生的方式：由第一階段培養從培植體長出的癒傷組織，經過震盪培養及過濾程序繼續以細胞懸浮液的培養方式（suspention culture）大量增殖細胞。

增殖培養常遭遇的問題為增殖效率差，或培植體玻璃質化。前者與培植體的生理年齡相關，大多發生於多年生植物，以具有大葉型的木本植物最常發生。若培養的培植體是來自再生能力低，或生長活力已經下降，或是分枝性已經變差的多年生老樹，則其增殖培養的增殖效率都比較低。這種培植體必須經過多次培養在含細胞分裂素的培養基之後，讓培植體逐漸回復幼年性，增殖倍率才會逐漸增加。至於培植體玻璃質化（vitrification）形成的原因有：細胞分裂素濃度太高，造成增殖倍率太高，或培養容器通氣性不足造成容器內的相對溼度高，培植體的蒸散作用少，缺乏蒸散作用的負壓力，培植體吸收養分少，細胞質含水量高，而漸漸透明化。從以上的敘述發現：繁殖率低與培植體玻璃質化是有部分對立的現象，若一味的追求高繁殖率，常會繁殖出玻璃質化的苗。玻璃質化的苗不會發根，移出容器外栽培也不能成活，因此在繼代培養的階段，藉著控制生長素與細胞分裂素相對量的平衡，才能培育出大量充實的培植體，在下階段的培養培植體才能順利發根。

四、第 III_A 階段：促進培植體具有發根潛能的培養

第三階段主要的目的是促進培植體發根，準備移出容器外栽培。然而有些在第二階段增殖的培植體不可能發根或不容易發根，例如叢生枝條、癒傷組織、或細胞。因此第三階段的培養，再分成促使培植體具備有發根潛能的培養（III_A），與原來的促進培植體生根的培養（III_B）兩階段。例如細胞或癒傷組織培植體，必須先將培植體誘導出不定芽或體胚芽，才能再誘導芽體生根；又如叢生狀的枝條，必

須先使培植體分割成單一枝條且具有伸長的節間，培植體才具備有發根的潛能。

五、第 III_B 階段：培植體的發根培養

第 III_B 階段主要的目的是促進培植體長出新生根，然後移出容器外栽培。通常只要改變培養基中植物生長調節物質的種類和濃度即可。即增加培養基中的生長素濃度而且完全移除細胞分裂素。在培植體生根的同時，降低培養容器內的相對溼度，提高培養的光強度，以強化（hardening）培植體對之後移出容器外遭受逆境的適應能力。

六、第 IV 階段：馴化培養

即使是已經有根的組織培養苗移出容器外栽培時也不一定會存活或正常生長。因爲培植體在容器內的光合作用類型屬於異營生長、或混營生長（生長所需的能源來自培養基的糖與光合作用的葡萄糖）。加上長期在高相對溼度環境下生長，培植體的表面構造不完整，且保衛細胞在調節氣孔開或閉的反應遲鈍。當培植體移出培養容器外，面對自然環境的巨大差異，培植體會因快速失水而凋萎，或遭受病原菌侵入而病死，或因行光合作用製造葡萄糖不足而逐漸餓死。雖然在發根階段（第 III_B 階段）的培植體，或已經接受強化處理，但培植體移出容器外時，仍需在比較低光度且高相對溼度的環境，以及沒有病原菌的栽培介質中馴化，再漸次的移植到一般的栽培環境。此階段的目的是針對那些移出容器外不容易存活的培植體增加的培養程序，讓培植體在人工設定的環境下栽培，使之逐漸適應一般栽培環境，並且迅速恢復正常的光合作用能力。

利用莖的生長點培養或細胞培養再生體胚芽的方法培育健康的育種材料

利用生長點培養方法，主要目的是要去除植體內的病原體，例如病原細菌、菌質體或病毒，以生產健康的育種材料，提高雜交的結種子的能力。植物的生長點（meristem）位於莖（枝條）的頂端，是由一群具有細胞分裂能力的細胞組成，包括中心體（corpus）以及三層的表層細胞（tunica layers）。植物體內的病毒從一個細胞擴散到另一個細胞的速率並不快，但若病毒經由維管束的轉運，在植體內的擴散就非常快。由於植物生長點的組織中並沒有維管束，生長點分化新葉片後，葉原體的組織才會分化新的維管束與原來莖的維管束相連接。因此若僅取生長點爲培植體，因原培植體並無維管束與母體的維管束相連，縱使原來的莖維管束中有病原體，所繁殖的植株也很有可能是沒有病原體的健康植株。細胞或新生的癒傷組織中並沒有輸導組織，病原體的在癒傷組織的移動非常緩慢，因此從癒傷組織培養再生體胚芽，或從懸浮培養的單細胞直接分化的體胚芽，都有可能獲得無病原體的健康植株。

一、莖的生長點（莖頂）培養

莖的頂端除了莖的生長點外，還包括生長點周邊的葉原體。葉原體能生合成某些植物生長所需的物質，因此培養莖的頂端組織比起培養莖的生長點更容易成活。衡量去除病原體的效果與培養的成功率，許多生長點培養所取的生長點培植體，常會帶有 1-2 片的葉原體來提高培養的成功率，但相對的也降低去除病原體的機率。又植物的莖生長點個體很小，爲了使培植體能順利吸收養分，且不會埋入培養基造成缺氧死亡，莖生長點的培植體，常利用吸水性好的濾紙做成拱橋狀，並將濾紙橋的底部插入液體培養基中，濾紙中的毛細管將液體培養基吸到培養的橋面，而培植體就培養在橋面上（圖 9-1）。另外避免培植體的傷口分泌酚類氧化的褐色物質，阻礙培養基中養分的吸收，培養之後的培植體放置在低光照或黑暗處培養 1-2 星期後，再轉培養在適當的光照下。茲以聖誕紅去除菌質體的莖生長點培養爲例說明之。

圖 9-1　聖誕紅以濾紙為介面的液體培養基進行初代培養。

1. 初代培養

取聖誕紅植株約 3cm 左右之頂梢，以 1% NaOCl（含 0.1% tween 20）溶液消毒 10 分鐘，再用滅菌過的水沖洗 3 次。在解剖顯微鏡視野下切取莖頂培植體長約 0.5-1 mm（含生長點及 2 片葉原體），培養於全量的 MS 商業配方、蔗糖 30 g/l，另外再添加 IAA 2 mg/l 與 BA 0.2 mg/l 之以濾紙作爲培養橋的介面液體培養基。濾紙橋的高度在液體培養基上 2 cm 處。經黑暗培養 2 週後，轉置於光照下培養，培養 2 個月後進行後續的培養。

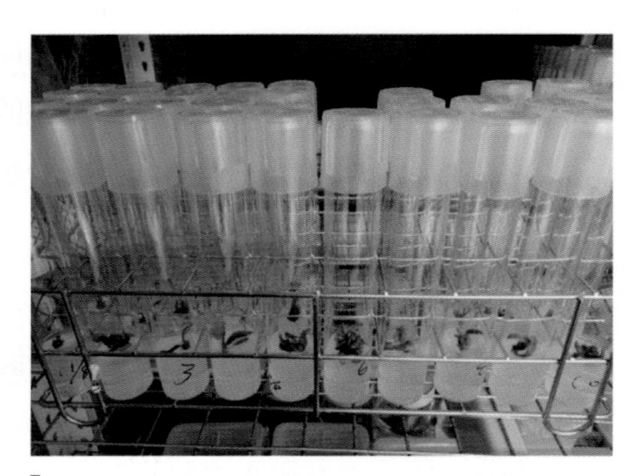

圖 9-2　聖誕紅成功的初代培植體移到固體培養基增殖。

2. 繼代培養

切取初代培養的枝條約 1 cm 左右，培養於添加 IAA 4 mg/l 及 BA 0.2 mg/l 之基本培養基（圖 9-2）。培養基是以 7 g/l 的洋菜固化的固體培養基，及在固體培養基滅菌並凝固後，再加入 10 ml 相同成分之液體培養基，成爲雙相培養基。培養一個月後切取約 1.5 cm 的枝條，枝條底部沾 2 mg/g 濃度的 IBA 粉劑，再插入裝有泥炭苔：眞珠石 =1：1（v/v）混合介質之塑膠盆，並置於自動噴霧的扦插繁殖床。

3. 去除菌質體成效檢定

從枝條的生長點培養所繁殖之植株，栽培於長日環境下，待植株生長至 12 片葉以上時給予摘心處理，然後與原商業品種營養系植株比較側枝發育的差異（參見第三章），或以分子技術檢查植株器官中是否還有菌質體的 DNA。

二、癒傷組織或細胞培養再生體胚芽的培養

1. 誘導逆分化癒傷組織

取聖誕紅 'Nobel Star' 約 3 cm 長的頂端枝條，去除葉片後，以 1% NaOCl（含 0.1% tween 20）溶液消毒 10 分鐘，再以滅菌過的水沖洗 3 次。將枝條縱切後再分成 6 段，每段約 0.5 cm，其縱切面切口朝下接觸培養基，以利癒傷組織之生成。培養基爲添加 BA 0.2 mg/l 和 4-chlorophenoxyacetic acid（CPA）0.2 mg/l 的 MS 配方。

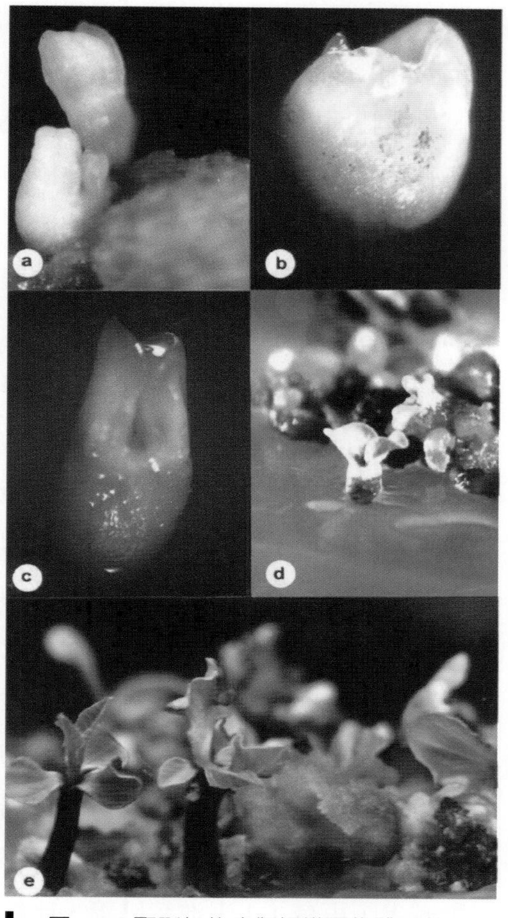

圖 9-3　聖誕紅的癒傷組織再生體胚芽。a：癒傷組織表面陸續形成的體胚芽。b：心臟期胚芽。c：魚雷期胚芽。d：子葉期胚芽。e：體胚芽發育成植株。

2. 體胚芽的形成

取聖誕紅初代培養之癒傷組織，培養於含 CPA 0.2 mg/l 以及 BA 0.2 mg/l 的培養基中，30 日後將塊狀的癒傷組織切成 $1cm^2$ 的大小作爲培植體，然後培養於含 BA 0.2 mg/l 與 2,4-D 0.8 mg/l 的培養基中。培養 4 週後，即可看到各時期的體胚芽從癒傷組織表面陸續形成（圖 9-3）。體胚芽發育成具有 2-3 片葉的植株時即可移出瓶外栽培。植株生長到 12 片葉片時，將枝條摘心檢測植株的分枝性，以確認植株是否去除菌質體。植株開花時，進行花粉活力檢測，選出花粉發芽率高的植株作爲育種親本。

第三節 未成熟種子或未成熟胚芽培養

在進行種間雜交，或遠親緣物種的雜交育種過程中，偶有受精卵或種子發育失敗，造成早期落果的現象，而不能收到雜交種子，此時可以培養尚未落果的種子或未成熟的胚芽而得到種苗。雙子葉植物的胚芽發育，可分為：球形胚期、心臟胚期、魚雷胚期以及子葉胚期。在球形胚芽發育時，需要有植物生長素來促進發育，但在心臟形胚芽發育時，則不需要植物生長素。由於二者發育的條件不同，因此有許多種間雜交胚芽的發育僅止於球形胚期。這時期約在授粉後到種子成熟期期間的中段之前。若在球型胚芽衰敗之前，培養於不含植物生長素的培養基，球形胚芽即可繼續發育成植株。

麒麟花從授粉到果實成熟所需的時間依物種／品種或授粉季節而有差異，因此要非常正確的找到培養時機並不容易。若培養未成熟種子的時機稍晚，培養的種子可能已經死亡。若培養未成熟種子的時機稍早，未成熟的胚芽會逆分化發育成癒傷組織，將癒傷組織繼續定期更換培養基培養，癒傷組織也可能再分化為正常的體胚芽，並且發育成植株（圖 9-4）。因此儘可能先進行能夠正常結果的雜交，得到果實成熟所需時間的資訊，從所需結果的日數減半，再減 1-3 天進行培養，比較有成功的機會。若培養的未成熟種子逆分化發育成癒傷組織時，則再將培養的時機點延後 1-3 天，或許比較有成功的機會。

圖 9-4 葛洛蒂麒麟與麒麟花‘丹麥白’雜交，未成熟種子培養經癒傷組織再生體胚芽。

聖誕紅未成熟種子的培養時機是在授粉後約 28 天。另外由於聖誕紅的胚乳、種子皮常會抑制胚芽的生長，因此建議用未成熟胚芽培養代替未成熟種子培養。培養前先將種子縱剖切除種臍兩側的胚乳，在不傷及胚芽的前提下儘可能切除胚乳（參見第三章）。

第四節 器官培養在誘導變異衍生品種之利用

植物利用頂芽培養、單節（腋芽）培養的方法類似於傳統的扦插繁殖方法，所繁殖的種苗其遺傳性狀上較穩定。然而有些草本作物只有地下莖或短縮莖，所有的頂芽或腋芽都生長在栽培介質中或地表面，要被作爲培植體材料，很難用化學滅菌處理得到完全無菌的培植體，例如非洲菊、星辰花、萱草等。另外還有一些分枝少且生長緩慢的木本作物，因植株的頂芽少，且腋芽因長期暴露在戶外環境也很難用化學滅菌處理得到完全無菌的培植體，例如麒麟花等。

植物組織培養除了芽體可以作爲繁殖體，植物的器官，例如葉片、根、花器等，一樣可以直接分化芽體或胚芽，或者經由癒傷組織再分化爲芽體或胚芽。因此前述不容易取得無菌的頂芽或腋芽培植體的作物，常會利用容易滅菌的花器作爲培植體。尤其是有無限花序的作物，只要將培養基的細胞分裂素濃度提高，就可以將分化尚未定向的花序培植體，從生殖生長的花芽轉變爲營養生長的葉芽。例如非洲菊利用小花蕾（頭狀花序）培養，直接從花蕾再生營養芽（圖 9-5 左圖）；麒麟花以花序培養，也可以從花序中心長出營養芽（圖 9-5 右圖）。

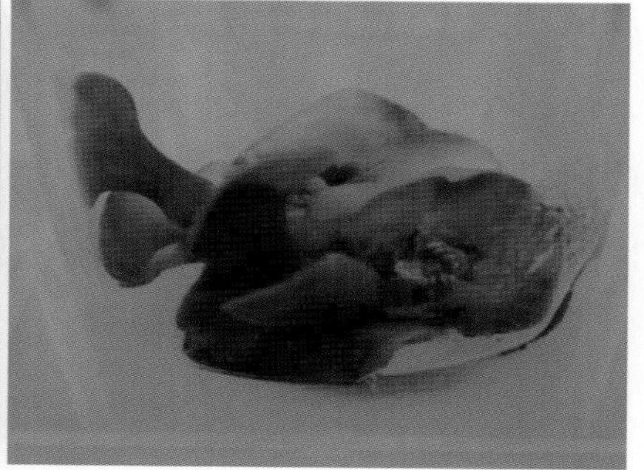

圖 9-5 非洲菊利用小花蕾培養，直接從花蕾再生營養芽（左圖）；麒麟花以小花序培養，從花中心長出營養芽（右圖）。

另外有些植物器官培養時，並不會直接分化芽體或胚芽，而是逆分化形成癒傷組織。癒傷組織可以重複培養於相同的培養基中大量增殖。若將癒傷組織培養於液體培養基中，需利用震盪或旋轉使培植體獲得足夠氧氣才能成活。然而癒傷組織在震盪培養過程中，其組織結構會崩解成小細胞團甚至是單細胞，因此若再配合過濾處理，即可以獲得單細胞培植體。單細胞培植體的培養，由於在震盪的培養基中，細胞呈懸浮狀態，因此又稱爲細胞懸浮培養。細胞懸浮培養也一樣可以不斷重複過濾後再培養的操作，而獲得大量的單細胞。癒傷組織或細胞可以再分化出芽體或胚芽，然後繁殖成植株。

現代的育種公司在育出優良品種後，常常再以物理或化學的方法誘導植物產生變異，將此品種衍生成一系列的品系，其中包含許多不同花色變異的品種。由於這種變異品種除了花色外之其他性狀都類似於原來的品種，故生產者可以以相同栽培方法栽培多樣化的品種。另一方面，因花形、大小、質感相同，在花藝設計上容易使用，故也逐漸受消費者喜愛。例如菊花、非洲菊、聖誕紅等的切花、盆花作物，經常在一品系下有許多不同花色的自然變異或人工變異的衍生品種。許多具短縮莖的菊科植物如非洲菊，因莖生長點在泥土中或地表，故以莖頂爲培植體時，在滅菌上是非常困難的。菊科的頭狀花序是一無限花序，當花蕾形成時，頭狀花序中心的組織仍不斷的分化小花。因此菊科植物常以花蕾爲培植體，經培養於含高濃度細胞分裂素培養基上，花蕾可以再生不定芽，以進行營養系繁殖。若能利用菊科的花蕾培養再配合放射線處理誘導再生突變不定芽，應該也是可行的方法。

除放射線外，有些化學藥劑如乙甲基磺酸（ethyl methanesulfonate, EMS）、疊氮化鈉（sodium azide, SA）也可以誘導突變。嘉義大學曾將晚香玉處理疊氮化鈉後再進行組織培養，發現再生的植株中可出現花形、花色、花蕾數的變異。

茲將利用菊花、黛粉葉、非洲菊以及聖誕紅之組織培養技術，並配合 γ 射線處理或疊氮化鈉處理，以開發衍生品種的方法敘述如下：

一、菊花或黛粉葉的癒傷組織培養和 γ 射線處理

目前菊花的栽培品種中，約有 30% 來自變異的衍生品種。利用人工誘導變異之育種方法，從處理到選出一般品種最快僅需 1.5-2 年，效率很高。一般常用的誘導變異方法是將扦插苗照射 10-20 Gy 的 X 射線或 γ 射線。然而這種處理方法產生的變異大部分屬嵌鑲個體，必需將嵌鑲部分再分離成獨立個體才能成爲營養系新品

種。利用癒傷組織或細胞培養可以由單一突變細胞再生成爲植株，即很容易可以得到基因型改變的非嵌鑲個體，變異植株不必再將嵌鑲部分分離即可得到變異品種。因此利用癒傷組織再配合放射線處理，可能成爲高效率創造衍生品種的育種方法。

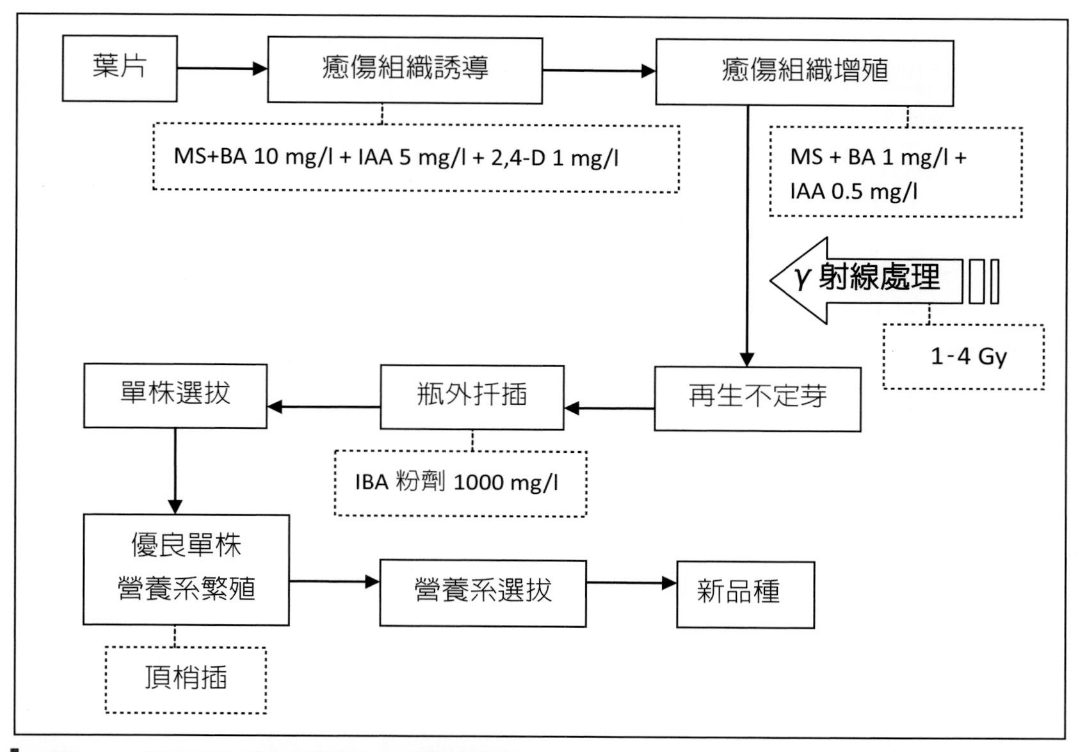

圖 9-6　菊花利用癒傷組織進行放射線誘變育種

菊花很容易從葉片或莖段誘導癒傷組織，而其癒傷組織也很容易產生不定芽。將癒傷組織繼代培養 1 週後，以 1-4 Gy 的 γ 射線照射 1-3 次，每次間隔 3 天，照射 3 次者全程需 7 天。上述處理無論照射幾次都是在黑暗環境下培養。照射處理完成後再移至光強度 2800 lux、光週期 16 小時、室溫 25±2℃的環境下培養。待癒傷組織再生的枝梢長度在 2 cm 以上時，切下枝梢進行瓶外扦插。扦插枝條成活後，栽培到開花即可進行變異株選拔。優良的變異植株經扦插繁殖成營養系，再進行植株表現型整齊度和穩定性等評估，即可選出爲優良的衍生品種（圖 9-6）。又在癒傷組織處理 γ 射線的試驗中發現，在 4 Gy 以上劑量時，於相同 γ 射線總劑量前提下，單次照射的變異率較高。利用上述方法，從菊花'紅美人'的變異的族群中（表9-1），選出'聖誕老人'、'雪美人'、'粉撲'、'粉豔'、'金姑娘'以及'小丑'等 6 品種（圖 9-7）。

表 9-1 '紅美人'癒傷組織經 γ 射線照射後，再生植株之變異形態及變異率

花朵變異形態	照射劑量及次數（Gy）							
	0	1	1 + 1[z]	2	2 + 2[z]	4	4 + 4[z]	8
原來花色（深紫紅）	9	14	1	8	9	2	5	2
花色粉紫紅	156	56	24	21	26	20	0	16
花色淡紫紅	150	5	8	10	0	9	0	0
花瓣白色有粉紅邊	19	2	7	8	0	3	0	0
花瓣黃色有深棕色邊	0	0	0	1	1	0	0	0
花瓣黃色有棕色邊	1	1	2	2	0	0	0	0
花朵變大	3	0	0	0	0	0	0	0
花梗變長	2	0	0	1	0	0	0	0
花梗變短（花序呈柱狀排列）	1	0	0	0	0	0	0	0
再生植株總數	341	78	42	51	36	34	5	18
植株變異百分比（%）	97.36	82.05	97.62	84.31	75	94.12	0	88.89

[z]：照射兩次

圖 9-7 菊花'紅美人'利用癒傷組織照射 γ 射線後所衍生出的變異新品種。分別為'雪美人'、'聖誕老人'、'粉撲'、'金姑娘'、'小丑'（由左而右由上而下）。

黛粉葉 *Dieffenbachia maculate* Schott（Lodd.）G. Don. 是重要觀葉植物。然而因野生種即已具觀賞價值，故少有人進行雜交育種，而從事誘變育種者則又更少。另外黛粉葉的組織培養常因內生菌問題而失敗，茲將利用葉片癒傷組織照射 γ 射線得到優良變異株之實例，簡述如下：

首先將盆栽的植物材料置於防雨棚下之高架床上，並停止澆水 1-2 週後，切取植株上剛展開的葉片。葉表面經擦拭乾淨後以 0.5-1% NaOCl 滅菌 5 分鐘。經無菌水沖洗 4 次後，取直徑 0.5-1 cm 葉圓片置於培養基上。培養基含 1/2 MS、蔗糖 20 g/l、洋菜 6 g/l、BA 3 mg/l、NAA 0.25 mg/l。經培養於低光環境下（400 lux）6 週，可誘導出癒傷組織。經繼代於相同培養基增殖後，切取 5×5 mm 之癒傷組織塊，培養於上述培養基，但 BA 或 NAA 含量分別改成 5 mg/l 或 0.125 mg/l。培養 1 週後以 5 或 10 Gy 的 γ 射線照射，6 週後可再生芽體。芽體經培養於含 BA 3 mg/l、NAA 0.05 mg/l 的培養基，待枝梢長成 3 cm 以上長度即可移出瓶外扦插發根，微體插穗的基部建議以 0.1% NAA 粉劑處理。當再生的植株的變異穩定之後，即可進行單株選拔（圖 9-8）。所選出的優良植株可以利用扦插繁殖、或取腋芽培植體以組織培養方法繁殖成營養系，再進行營養系選拔。腋芽培養的關鍵技術，在於培養前腋芽表面是否乾燥。因此進行滅菌處理之前，植株放置於乾燥的室內停止澆水 2 週以上，必要時還需切開葉鞘以免腋芽浸在水中而增加滅菌失敗的機率。

圖 9-8　黛粉葉‘乳羅’（‘Rudolph Roehrs’）（中間植株）及其利用 γ 射線誘變的變異株。

二、菊花花蕾（總花托）培養與 γ 射線處理

菊科植物的頭狀花序屬於無限花序。提高培養基中細胞分裂素的濃度，可以將分化未定向的分裂組織轉變為營養生長的芽體，或者促進小花與小花之間的花托組織、或細胞分化成芽體。換言之，將頭狀花序培養後很容易再生芽體，而且菊花的花托對 γ 射線的忍受性也比癒傷組織強。而利用花蕾（花托）培養配合 γ 射線處理

誘導變異的關鍵技術，在於照射 γ 射線的時機。在菊花總花托再生試驗中發現，每一品種總花托（花蕾）再生不定芽的時間點不同（表 9-2），而幾乎每品種最佳的 γ 射線處理時間與總花托大量再生不定芽的時間是一致的（表 9-3）。利用圖 9-9 所敘述的方法，'Monami' 不只得到白花變異株，另外也得到杏桃色花的變異株（圖 9-10）。'小乒乓'的癒傷組織利用照射 γ 射線誘導變異的方法中未能得到任何變異株，但當以花蕾為培植體照射 γ 射線可以得到白花的變異株。另外以花蕾培植體作為基因轉殖的材料時，轉殖基因的效率也優於以癒傷組織為材料。

表 9-2　培養週數對菊花花托分化之影響

培養週數	品種			
	'紅風車'	'新月'	'小乒乓'	'蕾妃'
2 週	芽體分化	芽體分化	尚未分化	尚未分化
3 週	芽體分化，芽體伸長	芽體分化	尚未分化	芽體分化
4 週	芽體分化，芽體伸長	芽體分化，芽體伸長	芽體分化	芽體分化
5 週	芽體分化，芽體伸長	芽體分化，芽體伸長	芽體分化	芽體分化，芽體伸長
6 週	芽體分化，芽體伸長	芽體分化，芽體伸長	芽體分化，芽體伸長	芽體分化，芽體伸長

表 9-3　照射前培養週數及 γ 射線照射次數對'蕾妃'花托芽體分化之影響

照射前培養週數	4Gy[z]×3 次		4Gy×2 次		4Gy×1 次		未照射	
	再生率（%）[y]	芽體數[x]	再生率 %	芽體數	再生率 %	芽體數	再生率 %	芽體數
3 週	0	0	0	0	13.9	0	81.8	189
4 週	0	0	31.0	38	42	80	57.4	52
5 週	0	0	51.7	82	40	60	88.2	217

[z]：照射劑量率為 19.624 Gy / 分；芽體數為照射後 35 週後 2 cm 以上芽體數之總和

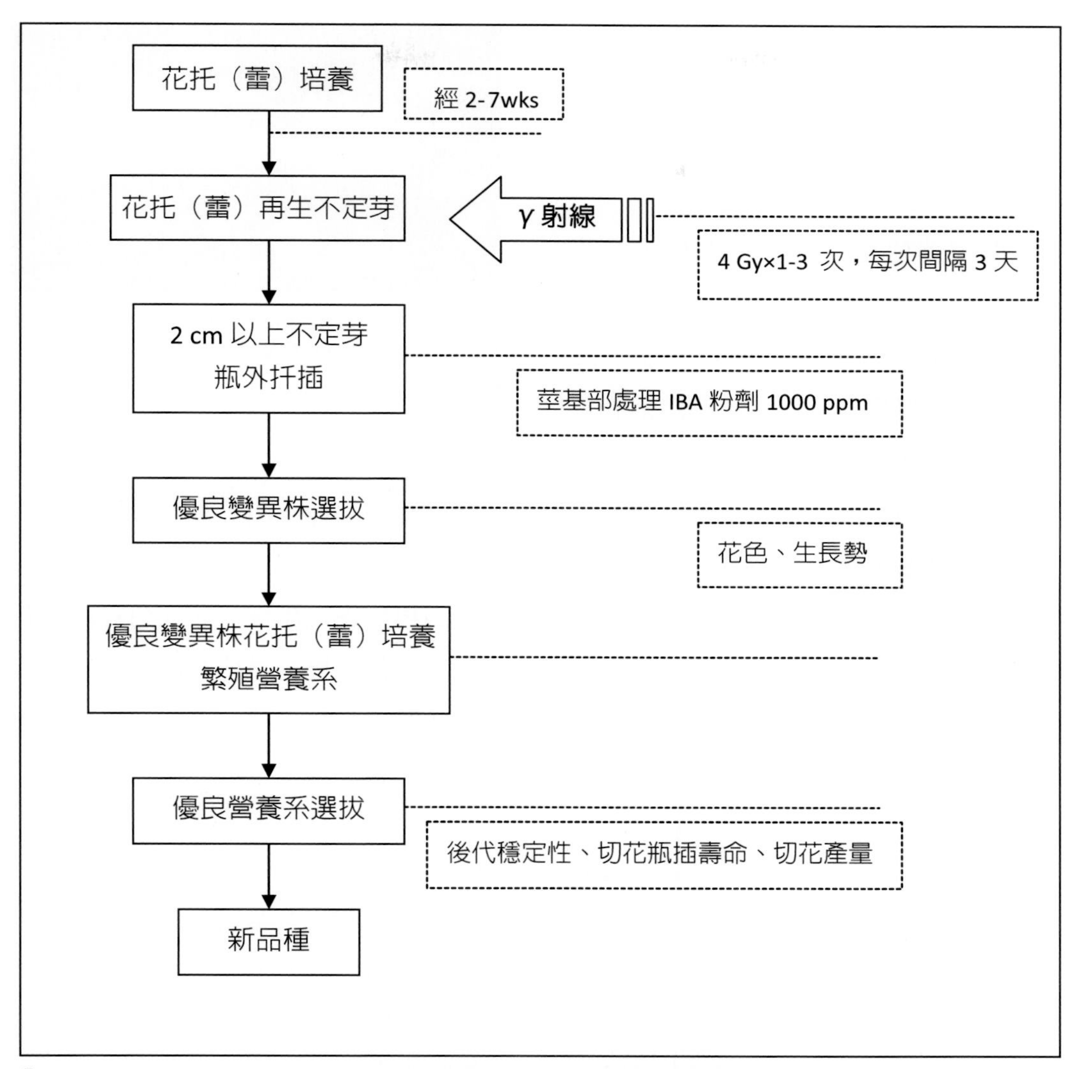

圖 9-9 菊花或非洲菊利用花托（蕾）培養進行放射線照射誘導變異。

三、非洲菊花蕾（總花托）培養與γ射線處理或疊氮化鈉處理

非洲菊是 19 世紀末發現的植物，一直都利用爲庭園植物。在 1975 年，利用總花托培養建立營養系繁殖方法後，目前已成爲重要切花作物。唯非洲菊遺傳性狀非常穩定，在田間或微體繁殖的過程中，極少發現有枝條變異或變異株發生。由於

非洲菊同樣具有頭狀花序，因此可以利用菊花的花托培養與照射γ射線的誘變方法（圖 9-9）或利用總花托浸漬疊氮化鈉的誘變方法開發衍生品種。

圖 9-10　菊花 'Monami' 利用 γ 射線誘導變異得到杏桃色變異株（左為原株，右為變異株）。

與前述菊花的誘變技術相仿，非洲菊在照射γ射線之前仍應該先確定花蕾再生芽體所需的週數（表 9-4），再照射γ射線才能獲得變異的效果，創造出許多變異株。例如半重瓣品種 'Rosabella' 的變異，包括有花色變異、花瓣變異以及內層花瓣的顏色與長度的變異（圖 9-11）。選出的非洲菊變異株，由於利用分株繁殖方法的繁殖效率低，建立營養系需要較長的時間，因此仍以花蕾培養方法繁殖變異株的營養系。而在變異株的營養系族群中，並未發現再變異之植株。非洲菊經由總花托再生配合γ射線的誘變方法仍有少數植株會出現嵌鑲變異，這種花瓣上的嵌鑲可以再分割變異部分的花瓣進行培養，經由再分化芽體而分離到單一色的變異株（圖 9-12）。

表 9-4　非洲菊品種總花托培養芽體再生所需週數

培養週數 *	非洲菊品種
3	Rosabella, Arobella, Foske
4	Rosalin, Stardust, Twiggy, Ramona
5	Camilla, Pink Elegance
6	Aquila, Orion
7	Ansofie

*：培養基為 1/2MS, 10 mg/l BA, 0.1 mg/l IAA, 10 g/l Sucrose, 8 g/l Agar

圖 9-11 'Rosabella'（左上）與其照射 γ 射線所得到的變異株之花朵。

圖 9-12 非洲菊總花托照射 γ 射線產生的嵌鑲變異花朵（左），將白色的部分花瓣培養得到純白色的變異植株（右）。

非洲菊的花蕾先經表面滅菌處理再浸漬 0.5 mM 疊氮化鈉溶液 60 分鐘後，用滅菌過的水沖洗花蕾上殘餘藥劑，然後將花蕾培養於含 10 mg/l 甲苯胺的 MS 培養基（表 9-5）。這種方法所得到再生的變異植株變化有限，只發現花朵變大、花色淡化以及重瓣品種上內層舌狀花有長短的變化而已，並未見花色上的變異株（圖 9-13）。

表 9-5　疊氮化鈉處理時間及濃度對 'Arobella' 總花托再生之影響

處理時間（min）	NaN_3（mM）	存活率（%）	再生率（%）	芽體數 / 培殖體
60	0	100.0 a*	75.0 a	3.5 a
	0.5	100.0 a	58.3 a	1.8 a
	1	100.0 a	0.0 b	-
	1.5	100.0 a	16.7 b	0.2 a
	2	100.0 a	0.0 b	-
120	0	100.0 a	80.0 a	3.8 a
	0.5	100.0 a	0.0 b	-
	1	44.4 b	0.0 b	-
	2	16.7 c	0.0 b	-
	3	15.5 c	0.0 b	-
	4	0.0 c	-	-

*：培養後第六週調查，同一欄英文字母相同者表示平均差異未達 5% 顯著水準。

圖 9-13　非洲菊 'Arobella'（左）花蕾浸漬疊氮化鈉溶液再培養所得到花朵變異株（右）。

四、聖誕紅體胚芽再生及其利用疊氮化鈉誘導體胚芽變異

聖誕紅是由 *Euphorbia pulcherrima* 單一野生種改良而來，遺傳基因庫非常狹窄，欲以傳統方法改良植株性狀相當不容易，亦即雜交品種的性狀欲超越現有品種非常困難。幸而聖誕紅植株很容易發生枝條變異，彌補了種源缺乏的困境。從

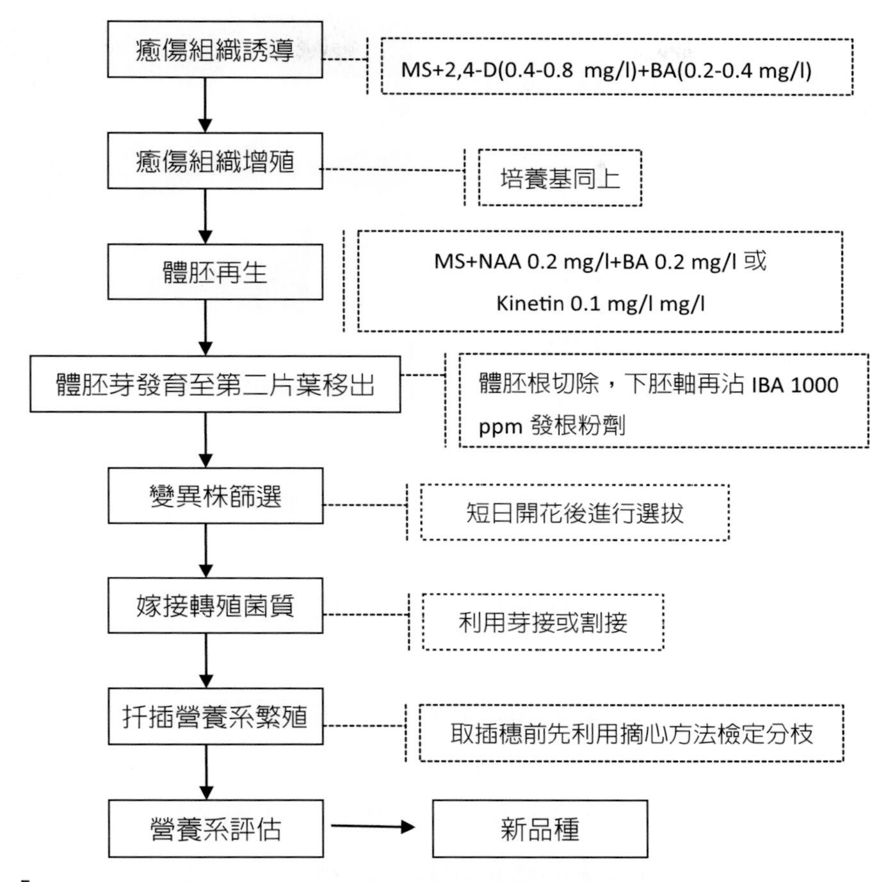

圖 9-14　聖誕紅癒傷組織培養於固體培養基再生變異體胚芽之流程。

1923-1990 年間，所登錄的聖誕紅品種約有 83% 來自於突變的枝條。亦即每一雜交品種平均可衍生出 5 個變異品種。因此變異在聖誕紅育種中是很重要的一環。經由癒傷組織培養再生體胚芽方法之建立，除了可以獲得無菌質體的植株外，亦可以從再生體胚芽中篩選出變異植株作爲衍生品種（圖 9-14）。聖誕紅可以從葉片、葉柄以及枝梢的組織培養獲得癒傷組織；其中從枝梢的培養所獲得的癒傷組織最多，且癒傷組織的生長活力也最強。以目前臺灣註冊登記的 ‘Peter Star’ 的衍生品種計有 ‘Picaccho’（暗紅）、‘Bonita’（紅）、‘Peter Star’（鮮紅）、‘Orange Peter Star’（桔紅）、‘Nobel Star’（鮭魚紅）、‘Pink Peter Star’（粉紅）、‘Deep Pink Peter Star’（深粉紅）以及 ‘White Peter Star’（白）等不同花色的品種。筆者曾培養 ‘Red Splendor’ 的莖組織，得到的癒傷組織經過再生培養得到白色苞片的變異株（圖 9-15）。此變異株除了苞片由紅色變白色外，節間長度也變得很短。在栽培上可以不必施用植物生長抑制劑（矮化劑），即可獲得品質相當優良的植株。白色變異株經由嫁接方法轉植入菌質體成爲多分枝的植株，再繁殖成植株性狀穩定的營養系並且曾以‘白光輝’爲名申請品種權（臺灣在當時尚未有衍生品種權的規定）。

圖 9-15 聖誕紅‘光輝’莖組織逆分化的癒傷組織再生的變異衍生品種‘白光輝’。

利用前述方法（圖 9-14）從聖誕紅的癒傷組織再生體胚芽的效率低，爲了能夠有更大的變異體胚芽族群，以便能夠篩選出有用的衍生品種，因此將癒傷組織培養改成細胞懸浮液培養。在細胞培養的液體培養基中添加核黃素（riboflavin）可以促進細胞發育爲心臟形的體胚芽，並繼續成熟爲魚雷期或子葉期胚芽（圖 9-16）。再利用魚雷胚期或子葉胚期的下胚軸薄片培養，分化更多容易發育體胚芽的細胞。然後在懸浮培養的培養基添加疊氮化鈉誘變劑，或在培養過程照射 γ 射線，以促進體胚芽發生變異（圖 9-17）。然而‘Peter Star’再經放射線處理的再生植株並無發現較特殊的變異株，但經疊氮化鈉誘變培養的再生植株，所衍生出來的變異植株除苞葉厚度、顏色、形狀的變異外（圖 9-18），也發現葉形、斑葉的變異以及恢復花粉活力，可以利用爲育種親本。

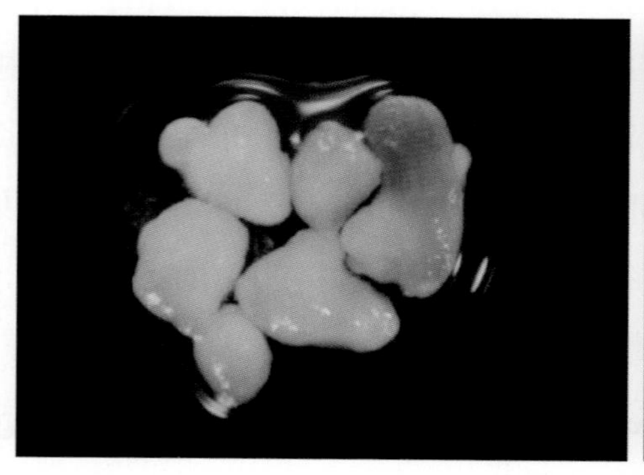

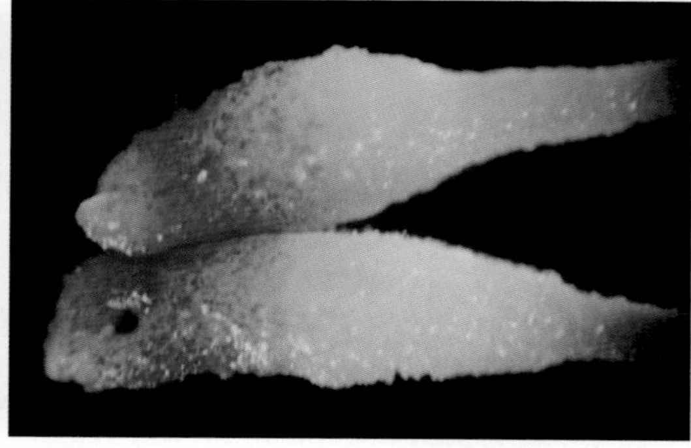

圖 9-16 聖誕紅‘Peter Star’莖組織逆分化的癒傷組織，再經細胞懸浮培養細胞發育為心臟形體胚芽（左）或魚雷形體胚芽（右）。

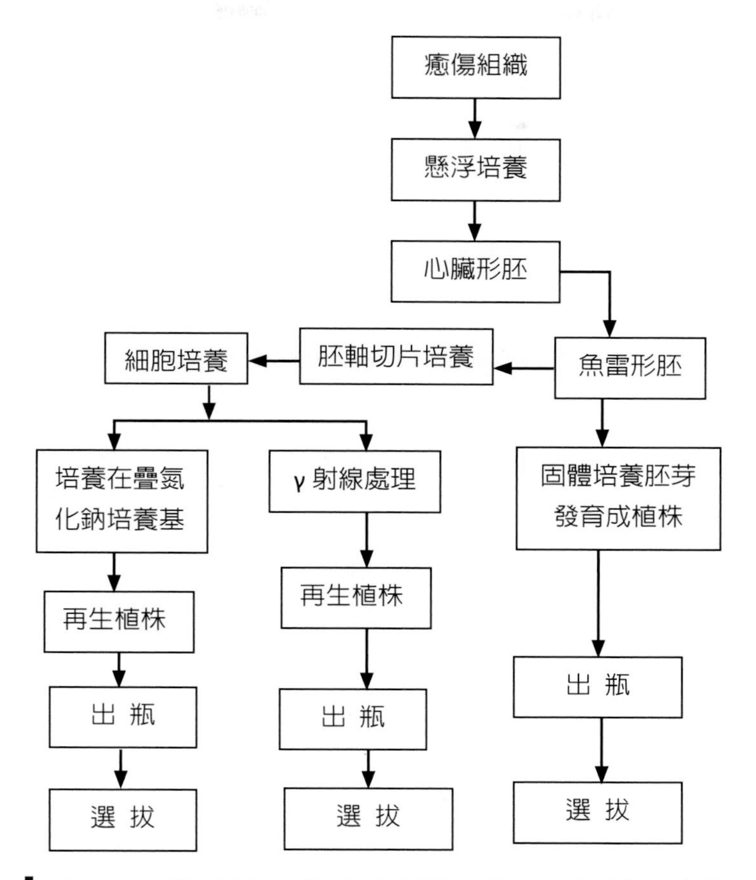

圖 9-17　聖誕紅經由細胞懸浮液培養之體胚芽再生以及在誘導變異上之操作流程。

圖 9-18　聖誕紅 'Peter Star' 細胞懸浮培養於含疊氮化鈉的培養基後，再生體胚芽的變異植株。

參考文獻

朱建鏞、黃敏展、江純雅。2000。利用γ射線照射癒傷組織培育多花型菊花品種。植物種苗 2(2)：143-156。

朱建鏞 、江純雅。2006。多花型菊花總花托、癒傷組織以及懸浮培養細胞照射γ射線後之再生。植物種苗 8(3)：19-28。

朱建鏞、江純雅。2002。利用細胞工程開發多花型菊花新品種（三）。行政院國家科學委員會補助專題研究計畫成果報告。

朱建鏞、趙玉眞。2002。聖誕紅經由懸浮培養之體胚形成。中國園藝 48(3)：247-256。

胡文若、黃敏展。1997。乳羅黛粉葉初代培養之研究。興大園藝 22：95-107。

張惠娟、朱建鏞。2005。非洲菊利用花蕾培養處理疊氮化鈉進行誘變育種。植物種苗 7(2)：23-33。

陳彥銘。2006。菊花花蕾培殖體利用農桿菌轉殖花色基因。國立中興大學園藝學系碩士論文。63 頁。

馮莉眞。2003。聖誕紅單節培養及經體胚之誘變育種。國立中興大學園藝系碩士論文。109 頁。

趙玉眞。2000。聖誕紅之莖頂培養及體胚形成。國立中興大學園藝系碩士論文。104 頁。

蕭伊芸、朱建鏞。2002。乳羅黛粉葉誘變種之微體繁殖。興大園藝 27(1)：41-54。

致謝

本章之完成，首先要感謝趙玉眞同學建立聖誕紅體胚芽培養的方法，和馮莉貞同學提高體胚成熟效率，同時配合化學藥劑誘導體胚芽變異。江純雅小姐協助利用組織培養開發菊科植物和黛粉葉的誘變育種的方法。

CHAPTER 10

花卉品種權的管理與行銷

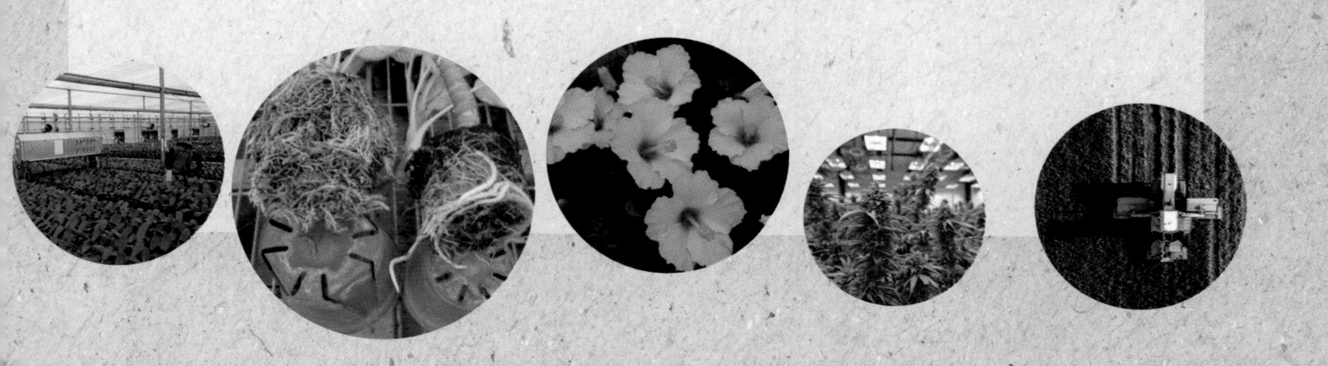

當各行業開始有所謂的智慧財產權時（例如藝文產業的版權，工業上的新型專利權或發明專利權，或商業上的商標權），由於政府認爲大部分的農業研發工作是政府投資的，因此在農業上是沒有農業的智慧財產權的。西元 1930 年，美國胡佛總統簽署植物專利法案。隔年世界第一件植物專利頒給了玫瑰花 ‘New Dawn’ 品種。到二十世紀下半世紀，主張農業有智慧財產權的意識逐漸高漲，尤其是保障育種者權利的主張，更是銳不可擋。因此在 1961 年歐洲各國的種苗業者在巴黎成立國際植物新品種保護聯盟（UPOV），並制訂公約規範植物品種權的條文。三十年後，國際植物新品種保護聯盟修正了公約內容，將植物的衍生品種權作了規範，讓原創育種者受到更周延的保護。

中華民國於 1988 年由總統頒布了「植物種苗法」，可惜由國人育成的花卉品種極少，對於外來花卉品種的申請，也都以沒有品種檢定規範的理由而不接受申請。西元 1990 年代聖誕紅 ‘ 彼得之星 ’（‘Peter Star’）創造出年產量超過 60 萬盆的市場，而這些聖誕紅種苗都沒有支付品種權費。換言之，‘ 彼得之星 ’ 的育種公司每年少收百萬元的權利金（每株的權利金 1.5 元計算）。直到 1996 年，農業委員會才正式接受聖誕紅品種的申請案件，並請桃園區農業改良場進行聖誕紅品種檢定工作。隔年頒發了九件聖誕紅新品種的品種權。從此政府對於花卉育種者權力的維護，才算是步入正軌。西元 2004 年政府又依據國際植物新品種保護聯盟在 1991 年修訂公約的版本，修訂「植物種苗法」，並且改名爲「植物品種及種苗法」，企圖在保護育種者權利的作法上，逐年與歐盟各國接軌，並且相互承認檢定過的新品種。

植物品種權的管理屬於屬地主義，必須由當地政府審查認證，才具有法律上的意義。在臺灣主管機關爲農業委員會。在美國，經由無性繁殖的作物品種向美國商業部申請植物專利；而種子系作物的品種權則是由農業部管理品種專利。其他世界各國植物品種權都由農業部管理。

第一節 花卉新品種的檢定規範

一、新品種成立的要件

植物要被認定是新品種，品種必須合乎新穎性、可區別性、一致性，以及穩定性等要件。茲分別將每一要件的定義說明如下：

1. 新穎性

申請爲新品種的品種，必須是沒有上市或推廣過的品種。然而在育種的過程中，如果新品種沒有測試過在市場的反應，又如何能判斷新品種有成爲新品種的價値。因此新穎性是指品種在本國上市或推廣未超過一年的品種，即品種在上市或推廣一年以內必須提出品種權的申請，否則此新品種將失去申請新品種的資格，也就是新品種沒有新穎性。至於在其他國家申請新品種時，例如在歐盟各國或日本，如果是草本植物或木本植物，新穎性的寬限期分別爲四年或六年。

2. 可區別性

是指新品種與已經推廣或販售的品種中最相似的品種相互比對特性後，有一個以上可以相互區別的特性。換言之即是證明新品種與其他品種不同，所以是新育成的品種。而比對特性的方法，是在同樣的栽培環境下，栽培新品種與經由新品種審議委員會通過的對照品種，再依照該作物的「新品種試驗檢定方法」調查「新品種性狀調查表」所列的特性，逐一比對新品種與對照品種的差異性。

3. 一致性與穩定性

理論上，營養系作物族群中的每一植株，植株特性都會與原來親本有相同的特性；而且不管繁殖了多少世代，每世代的個體其植株性狀也都會與原來親本有相同的特性。因此檢定單位會檢查所繳交的受檢植株的性狀，是否有不一樣性狀的植株。如果有性狀不相同的植株則此新品種不具一致性。爲了避免新品種申請人，將送檢之植株先除掉性狀不同的植株，因此受檢植株依規定必須是沒有開過花的植株。不過由於植物在自然界有時也會發生變異的現象，因此自然變異率比較高的作物，檢定時需繳交較多的檢定植株，但是檢定一致性的標準，容許有一定比例的變異植株。例如：以前聖誕紅檢定的植株為 100 株，但是容許有 5 株的變異株。換言之，如果有 6 株以上植株的形態不同，才算不符合一致性。同理，如果從繳交檢定的植株再繁殖 100 子代植株，如果有 6 株以上植株的形態不同，才算是不符合品種的穩定性。不過由於再繁殖下一個世代來進行檢定，費時費工。而且營養系的繁殖方法，多利用新生枝條為繁殖材料。因此新品種穩定性的檢測方法，通常是將枝條修剪，然後再檢查新生枝條的枝葉、花朵是否與原來的母株性狀相同來推論。

二、制定植物品種試驗檢定方法

在臺灣，植物品種權檢定採用實體檢定；即申請品種必須經過與對照品種在同一環境下栽培，並比對兩者特性的差異。如果政府尚沒有公告的作物種類是不接受品種試驗檢定的。為了讓政府了解那一種作物的品種檢定有迫切需求，擬申請新作物的品種試驗檢定者，建議及早向政府委託單位（種苗改良繁殖場）登記，優先開發品種試驗檢定方法與品種性狀調查表的作物種類。

開發品種試驗檢定方法之前，研究人員必須先了解新作物的來源或育種歷史，才能決定檢定作物種類的範圍，以及爾後制定性狀調查表時，植物性狀的項目和差異性的級距。例如蝴蝶蘭的品種試驗檢定方法，適用屬於蘭科之蝴蝶蘭（*Phalaenopsis*）屬之植物及其雜交種。但是如果是朱槿的品種試驗檢定方法，適用於錦葵科木槿屬朱槿（*Hibiscus* x *rosa-sinensis*）之植物及其雜交種。蝴蝶蘭以屬名為作物品種的總稱，是因為現代蝴蝶蘭品種源自於蝴蝶蘭屬的許多物種，甚至於還有屬間雜交種。又蝴蝶蘭的形態與蝴蝶蘭屬的每一物種都有相似之處，亦即現代蝴蝶蘭並沒有與蝴蝶蘭屬的某一種特別相似。因此蝴蝶蘭泛指蝴蝶蘭屬植物及其雜交種。反觀現代的朱槿品種的名稱，仍然以朱槿的物種學名為作物品種的總稱，因為現代朱槿品種的基因，雖然也來自數種木槿屬的物種，但是朱槿的種間雜交種的形態還是像朱槿物種的形態。

試驗檢定的作物範圍確定後，接著要確立執行試驗檢定的地點、時期，以及試驗栽培管理方法。由於品種檢定主要是在比較新品種與舊有品種的差異，因此試驗檢定的地點，原則上是最適於檢定作物生長的地區。所以臺灣已經有栽培專業區的作物，就由轄區爲該作物專業區的農業試驗單位執行。例如：菊花品種的試驗檢定單位在臺中區農業改良場；洋桔梗品種的試驗檢定單位在臺南區農業改良場；聖誕紅的試驗檢定單位在桃園區農業改良場。另外，玫瑰花因爲植株在冷涼氣候栽培，比較能夠表現出品種特性，試驗檢定單位則在臺中市中海拔地區的新社區的種苗改良繁殖場。熱帶新花卉朱槿或麒麟花，則分別在農業試驗所的花卉中心，或屏東縣麟洛鄉的種苗改良繁殖場屏東分場進行試驗檢定。

新品種檢定的試驗工作，由於需要栽培的植株數多，有時還需要多種的對照品種。另外檢定期間儘量避免施用農藥。因此送檢定的植株一定是未經任何藥劑或特殊栽培處理的健康植株，且不曾開過花，但又即將開花的成熟植株。如果試驗檢定調查，能在越短的期間內完成調查試驗調查表所列的植物特性，就越能避免施用農藥的機會。所以新品種試驗檢定起始的日期，當然是新品種之特性表現最穩定的季節即將來臨之前。

原則上新品種試驗檢定方法是「調查植物在自然狀態下的性狀」，所以試驗的植株在試驗時，不能施用生長調節劑，也不能整枝、修剪、摘心、或摘除側枝或側花蕾等。例如：菊花品種無論爾後在切花栽培利用上是作爲多花型（spray type）、或標準型（standard type）的切花，都不能摘除主花蕾、或側花蕾。不過有些植物若枝條不經過摘心處理，則枝條在尚未花芽分化之前，分枝性的特性顯現不出來，例如聖誕紅。因此在臺灣進行聖誕紅性狀檢定的植株是要摘心的。爲了避免枝條摘心、或不必摘心的處理，在聖誕紅檢定上造成困擾，在日本的聖誕紅的性狀試驗調查，包括摘心和不必摘心兩組試驗處理。因此育種者在申請品種權之前，預先調查自己的新品種特性時，一定要先詳讀試驗方法，所調查的特性才是正確的。

三、製作植物性狀調查表

在臺灣，植物性狀調查表都是由從事作物育種的研究人員協助開發。爲了讓之後的每一調查人員都能正確的調查自己的新品種特性，每種作物的特性調查表都附帶訂定有「品種性狀調查表填列說明」。在填表說明中會很詳細的說明調查該項目的時機，以及正確的取樣位置。育種者或新品種試驗檢定人員需按照特性調查表的填列說明進行取樣調查，調查結果才會被品種審議委員們接受。例如朱槿植株形態的調查，受檢的植株，莖基部木栓化部分高度必需有 30 cm 以上，調查前先將枝條修剪到高 30 cm 處，然後在等待新梢發育成熟並開第 2 朵花時才能進行調查。另外，項目還有詳細的說明，若文字說明還不容易了解，還可以參考更詳細的圖說。例如朱槿的植株的樹型有直立型：側枝直上生長，樹冠呈柱形；標準型：側枝斜上生長，樹冠呈球形；開展型：側枝開張角度大，樹冠成開心型；蔓生型：枝條柔軟，樹冠沒有一定的外型。又如朱槿的花朵形態變化很大，花瓣細部的位置說明例如：眼、環、暈、脈紋、花瓣帶狀邊緣、花瓣外緣等很難文字說明，若用圖解的方式說明（圖 10-1）更容易了解。茲將訂定植物性狀調查表的方法簡述如下：

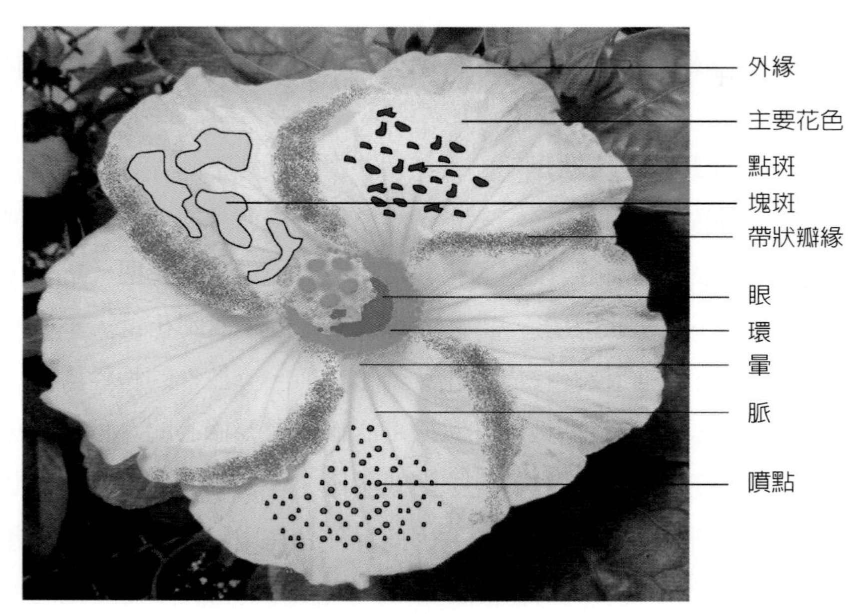

圖 10-1　朱槿花瓣的細部型態複雜，用圖形表達比文字表達容易了解。

1. 蒐集植物物種品種的實體或文獻

植物的性狀表現，受植物體內基因的控制，以及影響基因表現的外在環境所影響。植物基因所控制的性狀表現有在當代所表現的，但是也有許多隱性基因控制的性狀表現，是在爾後某一世代才會表現出來的。雖然植物性狀調查表是可以隨新品種所表現出的新性狀修正，但是還是希望所制定的植物性狀調查表中的各種調查項目可以很周延，而且能長期適用於新開發的品種，不必經常因調查表的項目不能滿足新品種的需求而修正。因此育種史上所提到過物種／品種，或世界各種苗公司著名的品種目錄等資料，如果不能收集到品種的實體，至少也應多收集品種的圖片與書面上的紀錄。筆者在制定朱槿和麒麟花植物性狀調查表時，前者就曾參考美國朱槿協會與澳洲朱槿協會的資料；而後者除了蒐集許多與麒麟花遺傳親緣相近的物種／品種外，也將這些物種的植物特性列入調查表的項目，調查表才可以適用於後來開發的種間雜交種‘粉仙子’或四倍體品種‘黛玉’等新品種。

2. 擬定植物性狀調查表

將所收集的物種／品種同時進行繁殖植株，並栽培在同一環境下，然後詳細觀察並比較每種植株性狀的差異性，植株性狀按植物形態發生學的次序依次排列。例如種子品系的向日葵之植物性狀從種子外形、種子皮的顏色、斑紋開始描述。而營養系的植物則按：植株形態、枝條、葉片、花器等大項，將有相異的特性依序排列。每器官特性之描述從器官生長的相關位置開始，然後是器官的外形，以及器官的細部構造，最後才是描述顏色。例如以朱槿葉片特性的項目及其次序為例，項目包括：葉柄生長的角度、葉柄長、葉柄主要顏色、葉柄基部顏色，葉片大小、葉片形狀、葉片尖端的形狀、葉邊緣的形狀、葉表面構造、葉表面形狀，葉片厚度、葉片質地、葉片表面光澤，葉片顏色，以及葉脈顏色。

3. 品種特性的差異性及其代碼

植物的特性遺傳自其雌雄雙親。作物經多代與不同的物種／品種雜交，後代植株的遺傳特性越複雜。換言之品種特性越發多樣性。植物的遺傳行為可以分為顯隱性遺傳，或多基因遺傳等；在植物的表現型特性則分為質的遺傳性狀、或量的遺傳性狀。例如朱槿的植株形態的種類分為直立型、標準型、開展型以及蔓生型等，或葉片顏色有綠色、濃綠色或斑葉（表 10-1），或花瓣的顏色有紅色、橙紅色、橙色、黃色、紫色等，這種特性的差異不會因栽培方法或栽培時間長而改變，都是屬於質的特性。由於質的特性是不會改變的，因此只要是具有該特性的品種就是該特性的代表品種。

而植株的高度種類分爲矮性、中性、高性，由於植株的高度會隨著栽培時間不斷長高，或者會因爲水分、肥料的管理而有差異，因此植株高度的特性是屬於量的差異性變化。換言之，植株的高度沒有絕對值，矮性、中性、高性三者之間的差異，只是三種族群之間的比較值的差異。通常每一種植物的品種特性中，最常見的都是中間型的特性，例如葉片大小，很明顯比中間型的葉片小或大，才是屬於另外特性的族群。因此製作性狀調查表在區分不同族群的範圍時，先將具該項特性的器官依序排列。例如將蒐集的麒麟花品種及其近親緣物種的葉片，依葉片寬度由窄而寬依序排列，葉片寬度可分爲三級，分別爲窄、中、寬三級（圖 10-2），當發現相鄰的兩品種的同一種器官有明顯特性上的差異，就是屬於不同的族群。對於植物品種所知不多的育種者，常在比較量的性狀上發生錯誤。因此調查表中的每一項特性，儘可能將具有該項特性且常見的品種列爲標準品種（表 10-1），讓申請品種權者在塡表時，對量的特性範圍有可以依據的標準。

表 10-1　朱槿的葉片性狀及其具有該性狀的代表品種以及特性代碼

植物特性	特性種類	標準品種	特性代碼
葉片大小	小	東京	3
	中	東方之月	5
	大	*H. waimeae*	7
葉片表面光澤	無	阿巴斯	1
	有	里歐	9
葉片顏色	綠	阿巴斯	1
	濃綠	里歐	2
	斑葉	斑葉夏威夷	3
葉脈顏色	綠	黃色勳章	1
	紅	*H. arnottianus*	2

圖 10-2　麒麟花品種及其近親緣物種的葉片寬度分為三級，由左而右分別為窄、中（中間兩行）、寬三級。

在表 10-1 的最後欄位的阿拉伯數字是各種植物特性的代碼。如果植物性狀的存在與否其代碼分別爲 9 或 1。例如朱槿葉表面無光澤代碼爲「1」，葉有光澤代碼爲「9」。如果特性是量的性狀，例如朱槿葉片大小，會以最常見的性狀代碼爲「5」，明顯比標準品種 ‘東方之月’ 的葉小者，例如 ‘東京’ 品種的葉片特性代碼爲 3；明顯比標準品種 ‘東方之月’ 的葉片大者，例如 *H. waimeae* 種物種及其大部分的雜交種，葉片特性代碼爲 7。在量的特性中代碼很少見有「1」或「9」。除非這類作物已經有數百年的歷史，因此幾乎不會再有新的種原可以將新的量特性導入作物中。換言之育種歷史不久的作物，預留「1」或「9」作爲特代碼，是期待未來育種者開發的新品種有超越現有的品種特性的可能性。

如果特性是質的性狀，例如花朵形態，會以 1、2、3、4、5、6、7、8 或 9，作爲各種花朵形態的代碼。然而有些質的特性變化超過 9 種以上，則必需將特性的變化方式再細分次級的變化，讓每種植物特性的變化不會超過 9 種以上。例如朱槿花瓣上的特性細分爲：眼、環、暈、外緣、帶狀瓣緣、脈、點斑、塊斑、噴點等次級特性（圖 10-1）。

植物性狀調查表初稿完成後，最好找些初學育種者測試，尤其是填表說明是否每位調查者對於說明的認知都是一致的，當然不同調查者調查同一品種的結果也是要一致的，否則調查表的內容或說明就需要重新檢討。另一方面筆者給想從事花卉育種的新手一點建議，在訂定育種目標之前，先研讀該作物的性狀調查表，有助於了解該作物的形態變化範圍，以及描繪出該作物理想的形態，以作爲訂定育種目標的參考。

第二節 花卉品種權的申請與審查

花卉產業中有實體的產品有：種子、球根、種苗，切花、切葉、插穗，盆花、庭園木等；而沒有實體的商品則包括：不公開的商業機密，和公開的新型專利、發明專利、商標專利以及品種專利與植物專利等。這些沒有實體商品的財產權又稱爲智慧財產權。智慧財產權的保護屬於屬地主張，必須在每一政治實體註冊保護，才能受到當地政府的保護。然而註冊品種權是一筆很大的費用，例如申請費、品種試驗檢定費以及取得品種權後的年費等。因此育種者申請品種權之前需考量申請品種權的效益，也就是有危害到自家品種應得利益之潛在危機的地區，才需要申請品種權保護。換言之，如果品種權的收益會超過申請品種權保護的各種費用，才有必要申請品種權。如果育出的花卉品種，尚未辦理品種授權就申請品種權，又因爲品種一直都沒有授權生產，也就是沒有收入，但是卻必需繳交許多費用，例如：品種權申請費、證書費以及年費等。浪費許多沒有必要的支出。

目前有關品種的新穎性規定是「新品種推廣、或銷售未滿一年」都符合新穎性的規定。因此育種者可以先試銷新品種，測試市場的反應，再決定是否申請新品種的品種權。至於擬在他國（美國除外）申請品種權者，草本植物只要公開未滿四年，木本植物未滿六年，都可以在國外申請品種權。由於國外申請品種權的費用更高，申請品種權之前更需審愼評估。

決定申請品種權後，先到植物品種權公告查詢系統（https//newplant.afa.gov.tw）下載「植物品種權申請書」和「新品種說明書」，並按照填表說明將新品種和對照品種的性狀填入新品種說明書，以及將植株的全植株、葉片、花朵分別並排拍照。前述資料完成後將植物品種申請書、十份的新品種說明書、照片光碟以及 2000 元申請費的匯票（或支票），一併寄達植物品種權主辦機關農業委員會農糧署，即完成申請程序。申請資料合乎規定後農糧署會公開申請案，此申請案立即受到種苗法的保護。

植物品種權的新申請案經審議委員會決定對照品種和品種權試驗檢定單位後，會通知申請者依照品種試驗檢定方法中所規定的材料規格寄送檢定材料，並繳交試驗檢查費用 12000 元。檢定單位收到試驗材料和檢定費用即刻進行試驗。

試驗檢定完成，試驗報告經由新品種審議委員會通過，即可頒發新品種證書。草本植物品種權年限 20 年；木本植物則為 25 年。

植物品種權的審查，許多國家也是採用實體審查，即新品種需在申請國實際栽培，並調查新品種性狀。而所需調查的植物材料（包括新品種或對照品種），也須依照檢定國家植物檢疫的規範，將植物材料在通知的期限內寄至指定的檢定機關。因此國外申請植物品種權建議委託當地的合作廠商或專業的品種權代理人辦理。例如臺灣許多蝴蝶蘭廠商的蝴蝶蘭品種，在荷蘭大多委託品種權代理商 Hortis Legal 申請品種權。而筆者育出的「亞細亞風朱槿系列」品種不只委託 Hortis Legal 申請品種權，甚至還委託他們管理品種權（圖 10-3）。例如：新品種試作和評估市場、尋找栽培廠商以及代收品種權利金等業務。

圖 10-3　在 Hort Fair 會場（2012）臺灣館與品種權代理商 Hortis Legal 執行長 Lennard van Vliet 會面、討論品種授權事宜。

花卉品種權的管理與行銷

一、品種權的授權

取得品種權後品種權的管理有兩件事，一爲定期支出提繳年費，以維持品種權；另一爲收繳衍生利益金，以維護品種權益。品種權的管理機關會定期通知品種的所有權者繳交年費，擁有品種權者每年要評估「品種收入是否大於品種年費」。一旦品種在市場上銷售欠佳，品種的收入少於維持品種權年費，除非另有考量，否則應考慮放棄品種權，以減少支出。

育成的花卉品種除非育種者考慮自己生產外，建議應該授權給下列目標客戶：1. 了解新品種市場潛力的人，2. 能夠將品種上市的人，3. 花卉產品生產者中的佼佼者，4. 過去合作過業績良好的人。因爲若授權給沒有栽培能力將品種的優點表現出來的生產者，產品在市場上不能吸引消費者的目光而購買，會耽誤產品的前途。筆者育出的品種在臺灣或日本市場上極具競爭力，都是這些協力廠商將品種的優點表現得淋漓盡致，才能達成的成果。另外由於花卉市場小，在各地區同一種作物只能專屬授權一家廠商生產，或由一家代理公司代理（圖 10-3）。但是爲了避免廠商取得授權後未能積極生產促銷，在品種授權合約中需明訂每年的最低生產量。

二、花卉品種的品牌經營

花卉作物是物種、品種最多，也是品種更迭最快的作物，而且也是最國際化的商品。因此要讓花卉新品種在國際市場眾多的品種中受到消費者青睞，在新品種推出時，要有能感動消費者的故事。例如：亞細亞風系列的朱槿品種剛推出市場時，爲了讓消費者了解這些朱槿品種與原來在市場販售的歐洲盆花朱槿是迥然不同的，除了強調這些朱槿是在臺灣育成的耐熱品種外，還取了「亞細亞風」作爲品系的名稱（圖 10-4 左圖）。因此在日本只要提到「亞細亞風系列（Asian Wind）」的朱槿，消費者都會知道這些品種是臺灣和日本合作育出的品種。這對於育種公司（中興大學）的品牌效益是很有助益的。另外具有軟刺特性的大花麒麟花品種推廣上市時，由於花朵的兩片總苞很像性感的雙唇，因此以「閃亮之吻（Shine Kiss）」爲品系的名稱，也當作這些麒麟花的商標名（圖 10-4 右圖）。

圖 10-4　「亞細亞風系列」朱槿（左）和「閃亮之吻系列」大花麒麟花（右）在日本的商標名。感謝日本華金剛株式會社提供相片。

臺灣曾號稱世界上每兩盆蝴蝶蘭就有一盆來自臺灣，然而世界各國市場上的消費者，幾乎都不知道購買的蝴蝶蘭品種是來自臺灣。這都是因爲臺灣的育種者不了解品牌和商標的重要性。沒有想到在植物產品上標示品種權等。然而在許多工業產品上常都可以發現商品製造商的名字或商品的專利證號。中興大學曾要求廠商生產學校授權的新品種時在產品上必需貼上由學校提供的授權標籤，除了想藉由品種授權標籤（圖 10-5）告知生產者與消費者尊重農業智慧財產權外，事實上這標籤就等同產品的品牌。當消費者認同這標籤的品牌價值後，以後貼有此標籤的產品在市場上更加有競爭力。

圖 10-5　國立中興大學授權生產長壽花‘桃花女’的標籤。

三、積極參加國際花展，開拓國際市場

花卉作物是農作物中最國際化的商品，臺灣的花卉市場小，因此花卉品種要以能夠行銷國際市場爲目標，否則育種者的支出與收入很難達到平衡。尤其花卉是一種藝術性與流行性很高的商品，不合乎世界時尚藝術主流的花卉，很難在國際市場中有競爭力。在大型的國際花卉展場中，不只可以看到主流花卉新品種的流行趨勢，也可以與各國的育種者或經營者交換心得，獲取花卉市場的資訊。最重要的是讓國際的種苗公司評估自己的新品種，育種者再重新審視並修正自己的育種目標。如果參展的新品種又能獲得展出單位的獎項，例如：陽昇園藝公司的大花麒麟花於 2016 年曾獲得最佳植物獎，以及 2018 年麒麟花‘紅龍’又獲得新價值特別獎，這對新品種拓展國際市場就更爲有利了。

中興大學曾在 2012 年帶著朱槿和麒麟花，以及臺灣大學的粗肋草新品種，到荷蘭 Hort Fair 現場展出。雖然未能拿到訂單，但是卻吸引許多種苗公司或媒體的注意。後來「new Plants and Flowers」的執行編輯 Guus Wijchman 在該雜誌上報導了中興大學花卉育種的現況。歐洲的種苗公司因看了這些報導，也已經開始試作臺灣的長壽花與麒麟花的新品種。

圖 10-6　筆者在 2012 年於荷蘭 Hort Fair 會場接受「new Plants and Flowers」執行編輯 Guus Wijchman 訪問。

近年來臺灣在日本授權生產的朱槿和麒麟花新品種，以及在歐盟授權生產的朱槿都已經穩定拓展國際市場。相信臺灣未來是有可能成爲熱帶花卉育種中心。

參考文獻

朱建鏞。2009。植物品種權授權與管理研討會專刊。國立中興大學園藝學系。77 頁。

朱建鏞。2010。花卉育種與品種授權研討會專刊。國立中興大學園藝學系。93 頁。

朱建鏞、王仕賢、江純雅。2014。提升臺灣花卉育種實力研討會專刊。國立中興大學園藝學系。145 頁。

國家圖書館出版品預行編目資料

營養系花卉品種開發之理論與實務／朱建鏞編著. 一一初版. 一一臺北市：五南, 2020.10
面； 公分
ISBN 978-986-522-278-9（平裝）

1.花卉 2.植物育種

435.4 109013747

5N35

營養系花卉品種開發之理論與實務

作　　者 — 朱建鏞
發 行 人 — 楊榮川
總 經 理 — 楊士清
總 編 輯 — 楊秀麗
主　　編 — 李貴年
責任編輯 — 何富珊
封面設計 — 王麗娟
出 版 者 — 五南圖書出版股份有限公司
地　　址：106台北市大安區和平東路二段339號4樓
電　　話：(02)2705-5066　傳　真：(02)2706-6100
網　　址：http://www.wunan.com.tw
電子郵件：wunan@wunan.com.tw
劃撥帳號：01068953
戶　　名：五南圖書出版股份有限公司
法律顧問　林勝安律師事務所　林勝安律師
出版日期　2020年10月初版一刷
定　　價　新臺幣500元